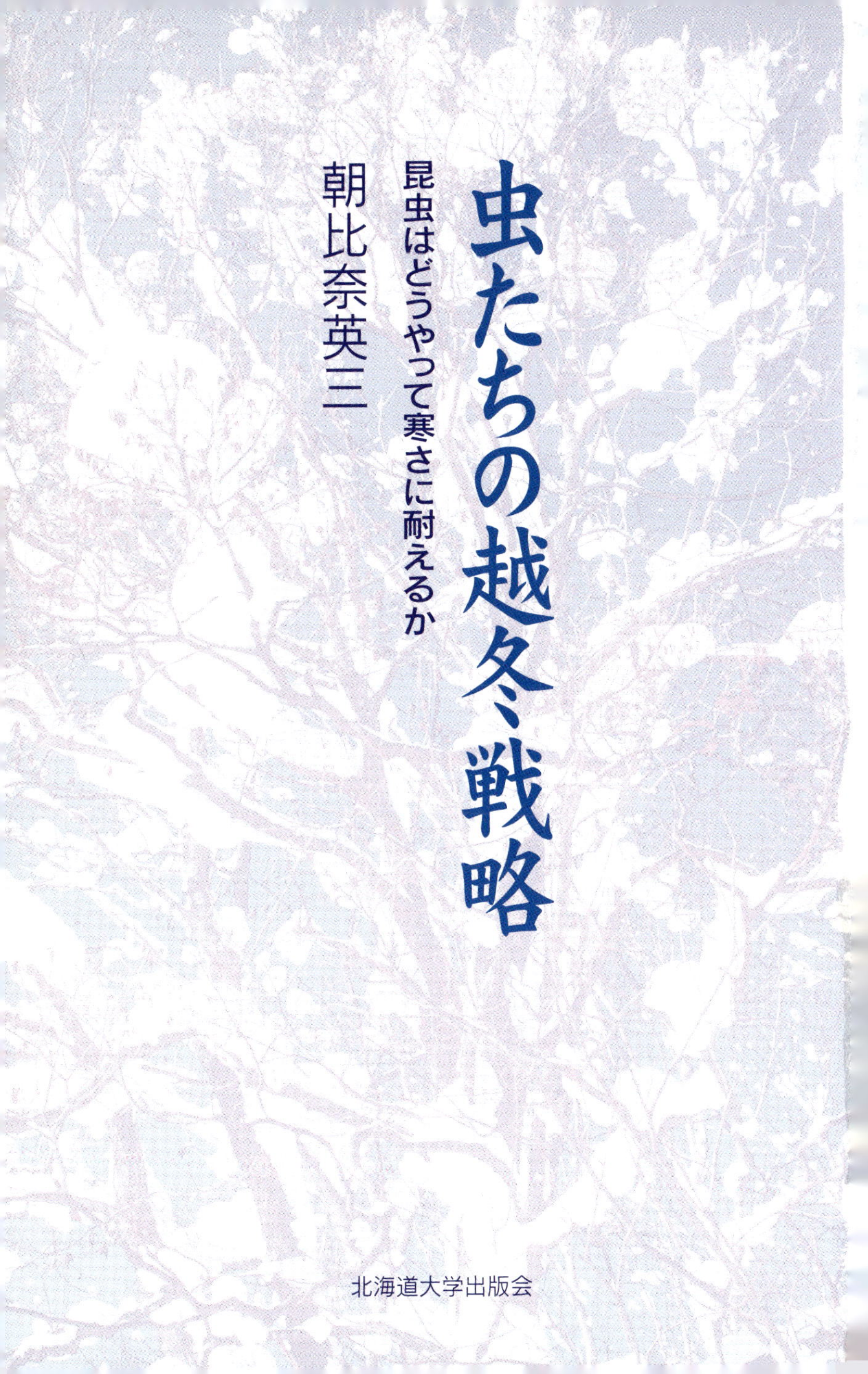

虫たちの越冬戦略

昆虫はどうやって寒さに耐えるか

朝比奈英三

北海道大学出版会

イラガ

①終齢幼虫

②繭

③繭から出した前蛹

④成虫

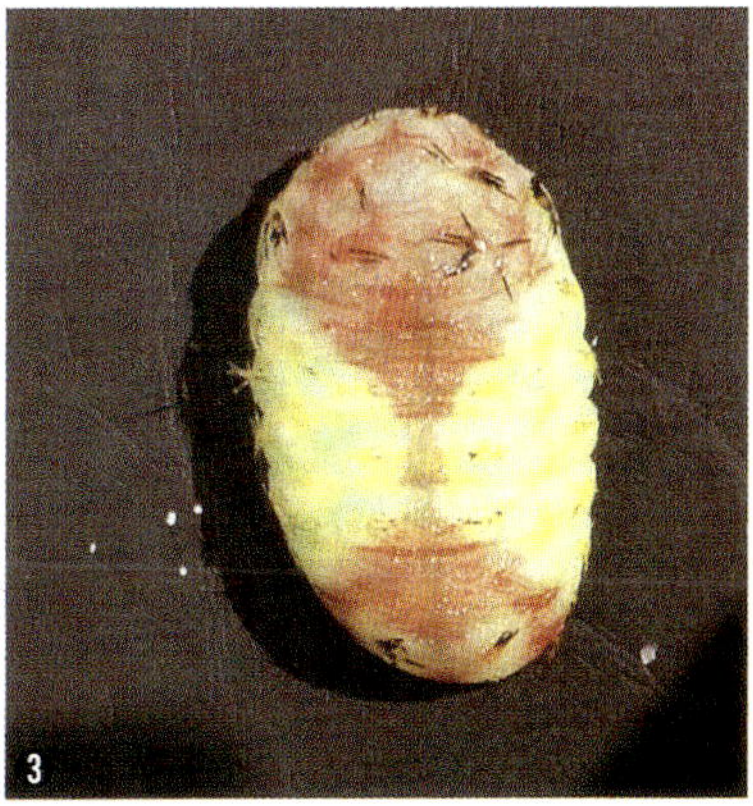

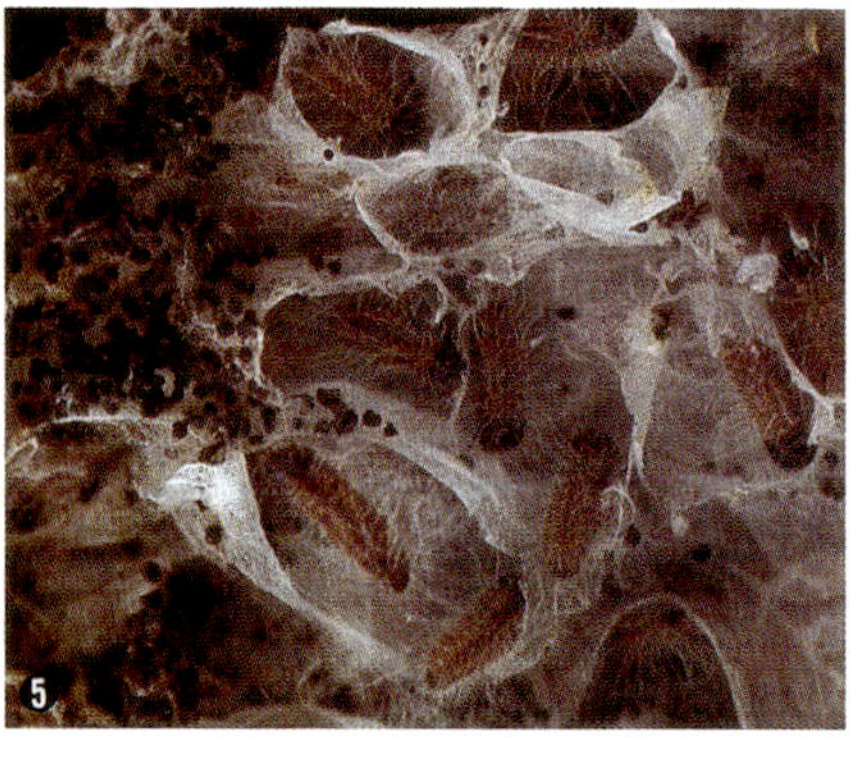

エゾシロチョウ(1)

①卵，②2齢幼虫
③作り始めた越冬巣
④完成した越冬巣
⑤真冬の越冬巣内部

エゾシロチョウ(2)

①越冬を終って日光浴をする３齢幼虫
②ボケの葉を食べる4，5齢幼虫
③蛹，④成虫♂

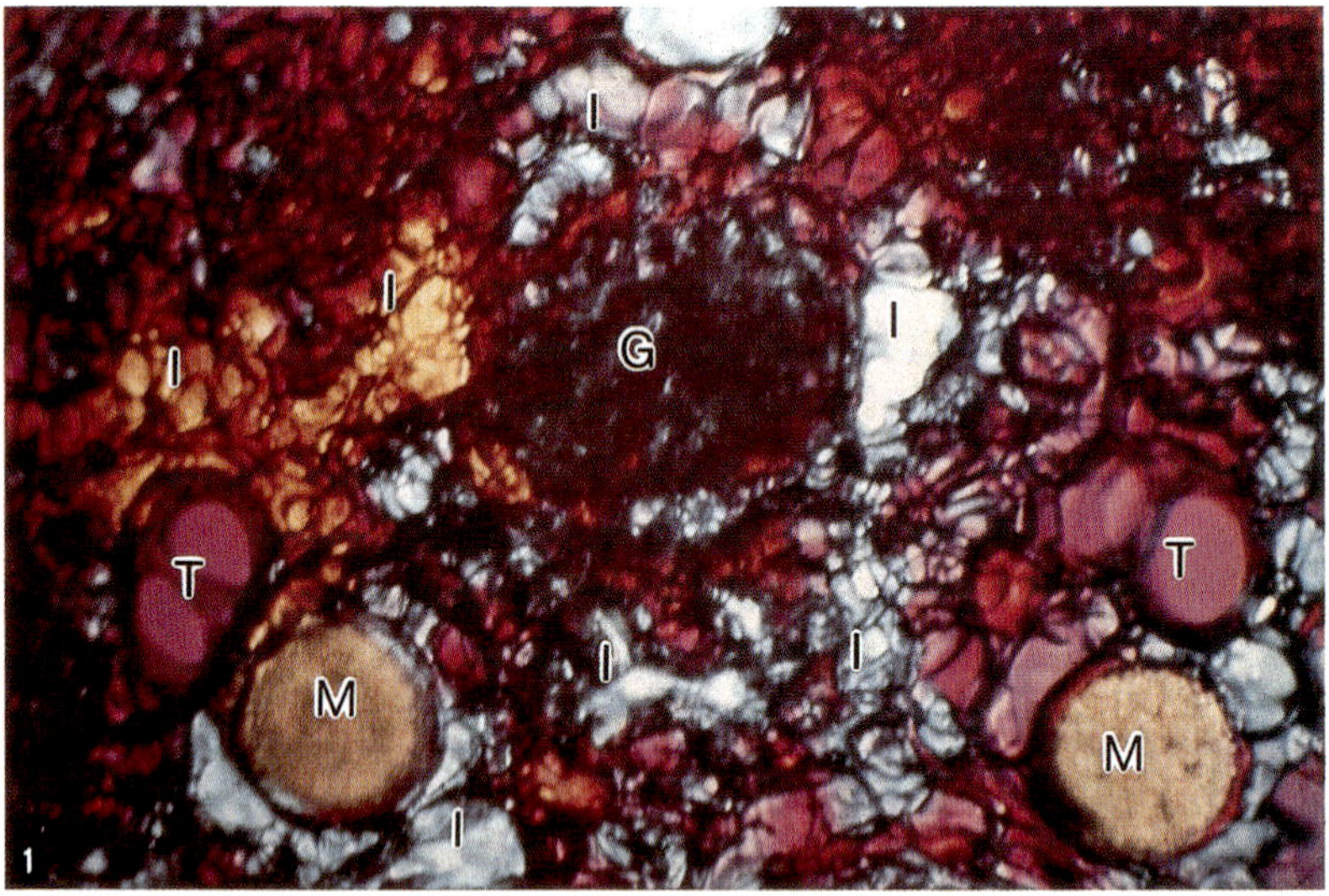

アワノメイガ

①凍結した幼虫の後頭部横断面．
偏光顕微鏡写真．
−15°C（×130）（写真：丹野皓三）
G：神経球，Ｉ：体腔内の氷粒，
M：腹走筋，Ｔ：気管
②−30°Cで凍結後融解した
終齢幼虫．体長20mm，
体重110mg
③交尾している成虫．体長
約13mm（写真：斉藤修）

はしがき

身を切るような木枯らしの鳴っている夜に、この寒さのなかで冬を過ごしている動物たちのことをしばし考えてみよう。

私たち人間も含めてほとんどの恒温動物、哺乳類と鳥類は、その体温をたとえば37℃前後といったごく範囲の狭い一定の温度に保っていないと、正常に生活することができない。このため冬が近づき寒くなるにつれ、これらの動物は、暖かいすみかを求めて大地に穴を掘ったり、渡り鳥のように暖国に移住したりする。万一彼らの体温が異常に下がるようなことがあれば、その体が凍りだす温度よりはるかに高い温度であっても、致命的な害を受ける。だからこれらの恒温動物が寒さで死ぬ場合は、凍死する前に「冷死」してしまうのである。

いっぽう変温動物、トカゲやカエル、昆虫やクモなどは、その名のようにすみ場所の温度の変化に従って体温が変わっていく。だから雪の降るような季節には、彼らの体温も0℃付近かそれ以下にもなる。これらの動物のなかには、ミツバチやゴキブリのように寒さに敏感で、「冷死」するものもないわけではないが、そのほとんどは0℃くらいの低温には十分耐えることができる。しかしさらに体温が下がって、ついにその体が凍結するようなことになると、ごく短時間のうちに生命にかかわる害を受ける。そのため彼らの多くは、冬がくる前にいくらかでも暖かい場所を求めて移動する。ごく一部の昆虫、たとえば北米のオオカバマダラなどのように長距離の「渡り」をするチョウさえある。しかし彼らが最もよく利用する越冬場所は、地上におかれた木片や枯れ草や石の下、地中または水中である。池や川の中は、それが水底まで凍ってしまわない限り、0℃以下には絶対に温度の下がらない風呂のようなものである。大地も水中に劣らぬ暖かい場所である。もしその上に二〇〜三〇センチメートルも雪が積れば、わが国の気象条件では、地表面でもほとんど0℃に近い温度に保たれる。だから積雪は、その下にすむ生物にとって、最もよい天然の防寒具だということができる。

しかし積雪よりも丈(たけ)の高い樹木や、その樹木にたかっている昆虫やクモたちは、大気の温度が下がるにつれ、彼らの体も同じように冷却されるので、寒地にあるほとんどの樹木と、昆虫の一部のものは、体が凍ることも珍しくない。しかし翌春これらの動植物が、元気よく生活を続けているところをみると、彼らの多くが、体の凍結に耐えて生きていたことがわかる。

このように、野外で越冬している生物は、それぞれのすみかで体験する程度の寒さに耐えられる性質をもっている。この性質は耐寒性 cold hardiness(または cold resistance)と呼ばれ、動物のなかでもとくに昆虫類でよく知られている。本書では、われわれの目にふれるごく普通の昆虫たちがどのくらいの寒さに耐えられるか、またその耐寒性とはどんな性質のものなのか、虫の体が凍るのか、凍らないのか、凍ってもなぜ生きていられるのか、などということを、できるだけやさしく解説してみたい。したがって、学術書に多い、意味が厳密正確ではあるが理屈っぽい表現は、止むをえないとき以外はなるべくさけ、専門用語の説明など一部堅苦しいところはあるにしても、一般の生物愛好者にとって、できるだけ読みやすいように記述したつもりである。最後の章では、それまでに述べてきた問題の最も重要な部分をまとめ、最近の研究の成果を採り入れた解説を簡単に加えた。したがって話がやや専門的になることは免れない。しかしこの最後の章と、巻末の「日本産昆虫の耐寒性」表は、昆虫学の研究者にも、また農業技術者にも、およそこの問題に関心のある人たちにとっては、必ず役に立つ機会があるに違いない。本書を読んでさらに詳しい研究に興味をもたれた方は、引用された原著論文を参照されたい。

なお本文中でたとえば一月の気温という場合はすべて札幌を基準にしている。* 気温だけについていえば、東京付近では札幌よりも秋は一ヵ月くらい遅く、春は一ヵ月半ほど早くくるのが普通である。

* 一九九〇年一月の月平均気温は札幌 −4.9℃、東京 5.0℃。

虫たちの越冬戦略　目次

目次

1　昆虫の耐寒性の研究を始めたころ

一九四一年、当時の北海道帝国大学に低温科学研究所が創設され、そのなかのひとつの部門として生物学部門が誕生した。それまで北大の理学部にいた私の恩師青木廉教授と私は、このような全く偶然の機会から、低温環境における生物学、いわゆる低温生物学 cryobiology に取り組むことになった。

この当時、生物と低温、とくに氷点以下の低温とのかかわりを研究するやり方には、大きく分けて二つの方向があった。そのひとつは、野外にすむ動植物の寒さに対する適応、とくに耐寒性の研究であり、もうひとつは、低温を利用して、家畜の精子や人の血球、微生物などを長い期間生かしておく、または食料品などを新鮮な状態で保存するための研究であった。私たちはこの前者、すなわち自然界における動植物の耐寒性を第一の研究テーマとして選んだ。

はしがきのなかで述べたように、寒さに強い動物の代表的なものは昆虫なので、このころまでに発表されていた動物の耐寒性の研究は、諸外国においてもそのほとんどが昆虫を材料として行われたものであった。これらの研究は、各種の昆虫をいろいろな温度まで冷却して、その生死を観察すると同時に、寒さに強い昆虫に共通した性質を調べることによって、耐寒性のしくみを明らかにしようとしていた(1)。しかしこの当時は、使った実験装置や方法が、昆虫という実験材料には不適当なものが多かったので、昆虫の体が凍結するという現象ひとつさえ、満足な説明がされていなかった。

そこで私たちは、野外で越冬しているいろいろな種類の昆虫を採ってきて、はたして冬の寒さのなかで彼らが凍るかどうか、また凍りさえすれば死ぬのかどうかをまず調べてみた。その結果、彼らの多くが、−20℃近くまで冷却されても少なくとも一夜ぐらいの時間は凍らないでいることがわかった。そしてこのように凍りにくい虫でも、その体を水でぬらして冷却すると、−20℃よりずっと高い温度であっさり凍ってしまうので、彼らは自分の体が凍結可能な温度まで冷やされても、凍りださないでいられるのだと考えられた。

このような、凍りうるのに凍りださない現象は過冷却 supercooling と呼ばれ、純粋の水でもごく普通に起こることである。いま水道の水を一滴、試験管に採って、ふたをして低温室や冷凍庫に入れて冷やしてみると、−2〜−3℃で凍ることはほとんどない。もっとわずかの量の水ではこのま

図 1　創立当時の北大低温科学研究所(1943 年)

ま－10℃に冷却しても凍らない。霧粒ほどの大きさの純水になると、－40℃くらいまで過冷却できることが知られている。しかし水の量を増やして一ミリリットル以上にすると、水の氷点*である0℃以下の温度に、凍らせずに長時間冷却することはなかなか難しい。このような過冷却という現象を利用して、非常に多くの昆虫が凍らずに冬を過ごしているのである。しかし彼らの大部分のものは、もしもいったんその体が凍結すれば、必ず死ぬこともわかったのであった。

＊ 氷と水が共存できる温度を水の氷点 freezing point という。

いっぽうその体が石のように硬く凍っても生きている昆虫のあることは古くから知られていて、そのような性質は耐凍性 freeze tolerance または

frost-resistanceと呼ばれていた。私たちも、札幌付近で越冬している昆虫たちのなかに、耐凍性をもつものをいくつか見つけることができた。そのうちでイラガは、その繭（まゆ）が厳冬期にも積雪の上に出ている樹木の枝にくっついているので、この虫が北海道内に広くすんでいるということは、その耐寒性が非常に高いことの証明でもあった。そこでこのイラガを寒さに強い昆虫の代表のひとつとして取り上げ、一九四八年ころからこれを材料として昆虫の耐寒性の総合的な研究に着手した。

2　イラガを材料として

イラガ *Monema flavescens* Walker は、翅(はね)を閉じたときの大きさが約二〇ミリメートルほどのずんぐりした形のガで(図2)、日本全国にすみ、その幼虫は刺虫(いらむし)と呼ばれ、本州では柿の木の害虫として広く知られている。北海道では柿の木はほとんどないので、カエデ、クルミ、バラ、ナシなど各種の樹木につくが、とくにカエデの葉を食べていることが多い。十分成熟した幼虫は長さ約二五ミリメートル、体重九〇〇ミリグラム前後の、短いナメクジ型で(図2)、その背中の太い刺(とげ)で一度刺されたら忘れられない痛みを残すことから、刺虫という名がついたのである。

この幼虫は夏の終わりには十分大きく育って葉を食べるのを止め、繭(まゆ)を作る場所を探して歩きまわる。黄緑の地に茶色の模様のある幼虫は、このころになるとやや赤味がかってくる。幼虫にとって気に入った場所――それはしばしば箸(はし)くらいの太さの小枝の股になったところである――がある

図2　イラガ．左：成虫，右：幼虫

とそこに糸を吐いて、スズメの卵くらいの大きさの硬い繭を構築する。* 繭の主な材料は、蚕(かいこ)などと同様に口から吐く絹糸であるが、糸の編み目の隙間に、肛門から白い粘土状のマルピーギ管** 内容物を出して、壁土のように塗りこんでいく。完成した繭は指で強く押してもつぶれないほど硬く、表面には白地に褐色の斑紋がある(図3)。

* イラガの繭については石井の非常に詳細な研究(1)がある。

** マルピーギ管は昆虫の排泄器で、腸に口を開いている。この内容物は主として尿酸カルシウムである。

こうして一〇月上旬には、ほとんどのイラガ幼虫は繭に入るが、このときまでに腸の内容物や繭の材料など多くのものを排出してしまった幼虫の体は、縮小して外形も内部構造も異なった前蛹(ぜんよう)に変態* する。前蛹の長さは成熟幼虫の二分の一くらいで、重量は三分の一

図3　イラガ．左：繭，右：前蛹

くらいになる。あの痛い刺も、毛の形を残すだけで、前蛹の体は軟らかい餅のような手ざわりになり、全く歩くことはできない。繭に入ったままの前蛹は釣の餌として「タマムシ」の名で市販されている(図3)。

＊　昆虫などが成長の途中で、卵→幼虫→蛹→成虫へと体の構造が変化することを変態という。

われわれはイラガ前蛹のもつすぐれた耐寒性の手がかりを求めて、体の内部構造を調べることにした。前蛹の体を腹面から縦に切開して、葉を食べていたころの成熟幼虫のそれと比較してみた。幼虫のときには、体の中心を縦に貫いて口から肛門まで、食物や糞のいっぱいにつまった太い消化管があり、その両側には体の前半部では太い管状に発達した半透明の絹糸腺＊が、後半部では白色の内容物がつまって数珠状に見えるマルピーギ管が、体腔に充満し、他の器官はほとんどこ

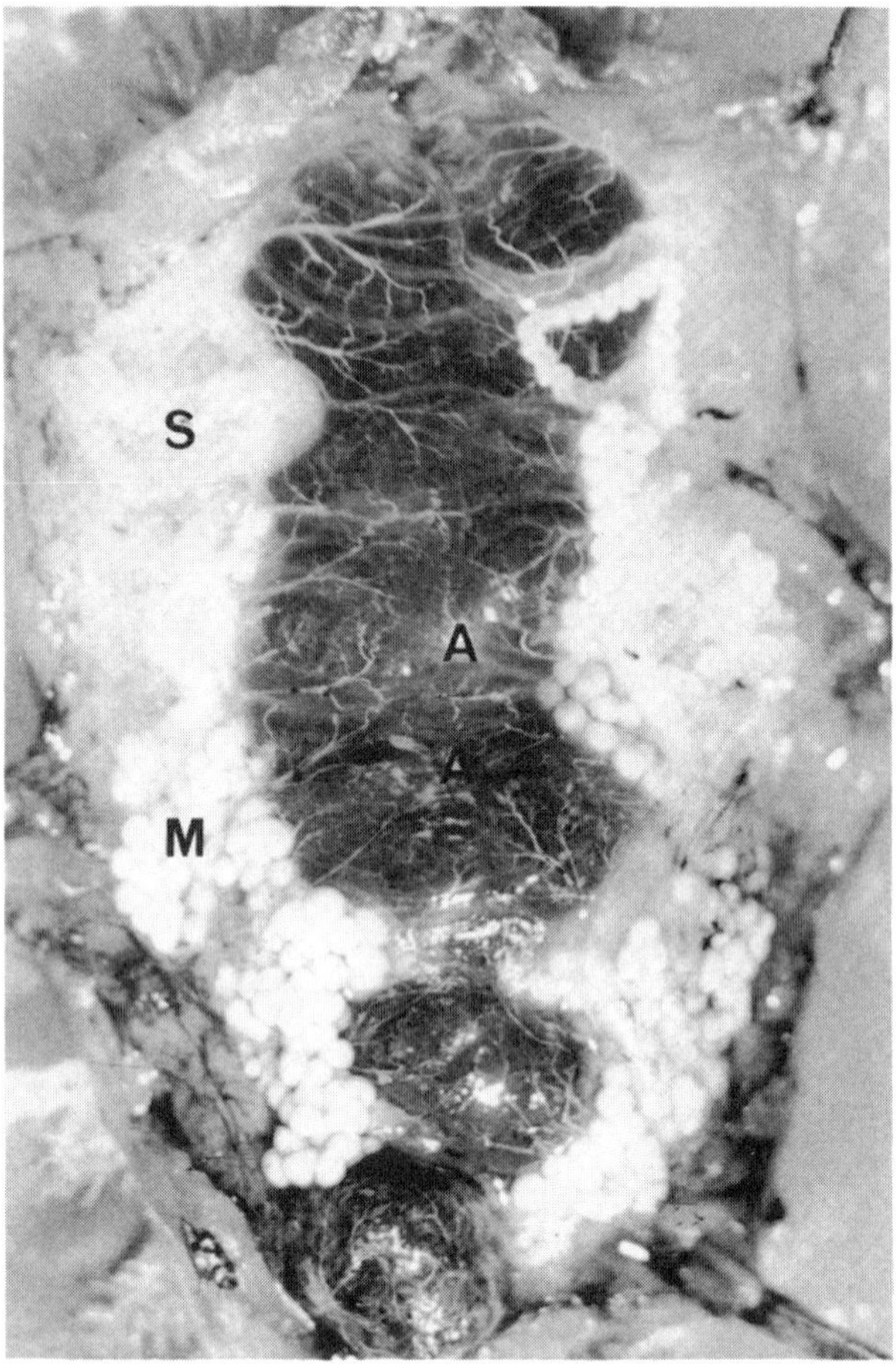

図4 イラガ成熟幼虫．腹面を縦に切開
A：消化管，S：絹糸腺，M：マルピーギ管

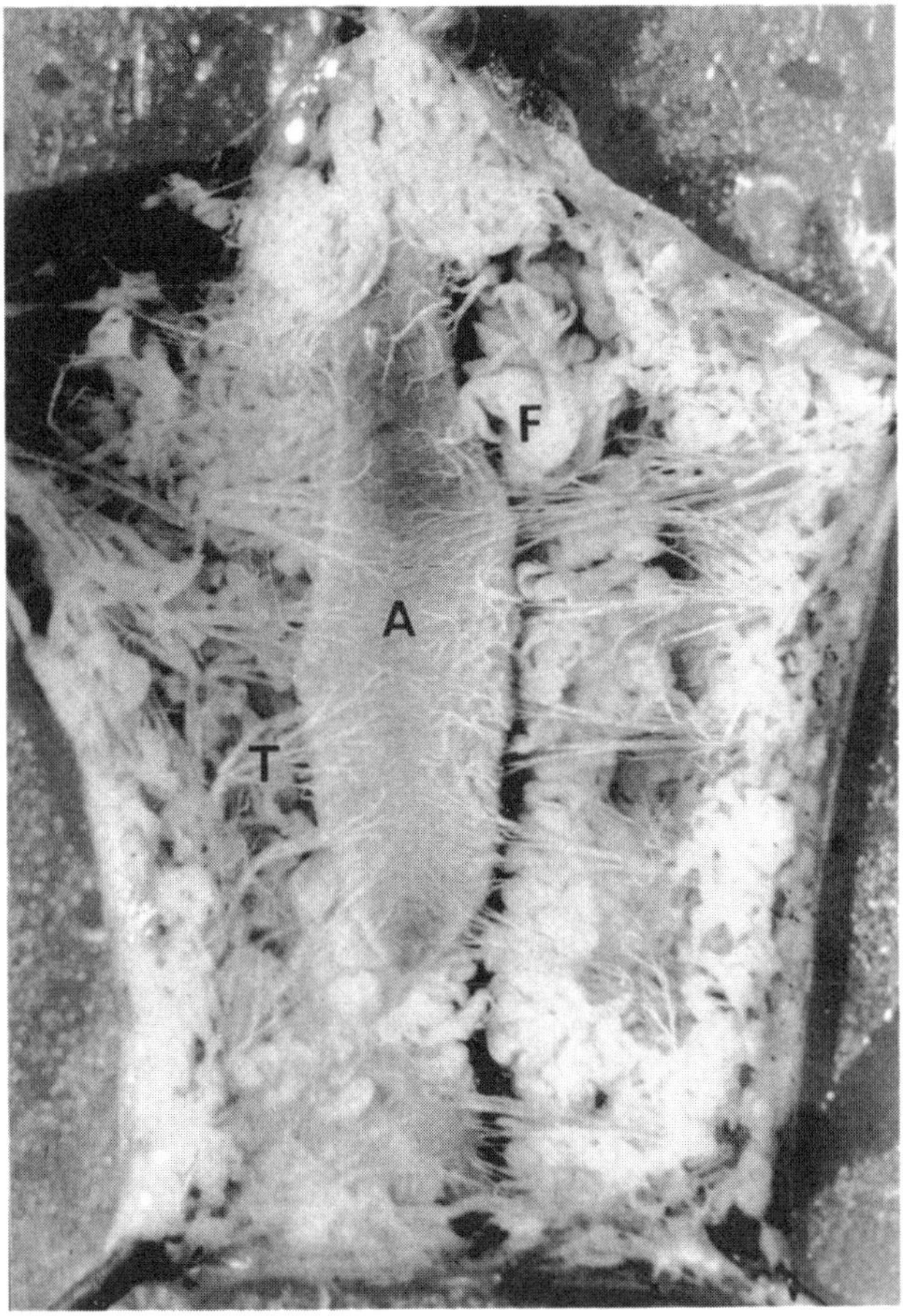

図5　イラガ前蛹．腹面を縦に切開
A：消化管，F：脂肪体，T：気管

れらの下にかくれている(図4)。

＊ 絹糸の原料である粘液状のタンパク質を分泌し貯蔵しておく器官、幼虫の口のところに開口している。

いっぽう前蛹になると、繭を作るとき、それぞれ内容物を排出してしまった絹糸腺とマルピーギ管は、退化して非常に小さくなる。体腔の中は、食物をとらなくなって偏平につぶれた消化管と、そのまわりに糸状に見える気管を除けば、多数の薄片に分かれた黄白色の脂肪体がいっぱいにつまっていて、その隙間を大量の黄色い血液がみたしている(図5)。脂肪体をどけてみると、神経索、生殖巣、背脈管(心臓)などの内臓器官がかくされていたことがわかる。筋肉は退化して、幼虫のときのような活発な体の運動は全くできないが、背脈管だけはしきりに脈動をくり返し、体の前方に向けて血液を送っている。＊このように前蛹は、体内の大部分が、血液と脂肪体で占められていることがその特色のひとつである。

＊ 昆虫の体は、血液でみたされた大きな皮袋の中に内臓が浸されているようなもので、細かい血管はない。たった一本の背脈管がその血液を体の後端で吸いこんで、体の前端部で吐き出している。

背脈管の運動は、そのまわりにさわっている両側の脂肪体が引っ張られていっしょに動くので、前蛹を背面から見ると、体の外からでも観察することができる。体の表面に油液を塗ると、透き通ってさらに見やすくなる。このような「心臓の動き」のおかげで、凍らせて融かした後の、体を全く動かさない前蛹でも、生死の判定が、室温に虫を温めただけで簡単にできるようになった。

3　虫の体の凍結

　ふだんイラガの繭（まゆ）のあるところは積雪面より高い樹木の上なので、前蛹（ぜんよう）の体はひと冬の間にかなり低い温度まで冷却される日があるに違いない。一九五一年の暮に野外の前蛹が繭の中で凍るかどうかを調べてみた。札幌市が人口一五〇万を超える大都会となってしまった近年では、冬の夜も以前よりずっと暖かくなって、最低気温が－15℃以下に下がることは珍しくなったが、三五年以上も昔には、ひと冬に何回かは－20℃くらいに下がる夜があった。私のすんでいる札幌西郊の円山公園付近で、イラガの繭をあらかじめ探しておき、夜か朝早く枝を引っ張って繭をはずし、その場で繭を割って中の前蛹を観察した。その結果、気温が－20℃くらいに下がった夜の翌朝には、いくつかの前蛹が凍ったまま発見された。

　次に二〇個の前蛹を、－15℃前後の温度を保たせてある低温室に一夜おいてみたが、ひとつも凍るものはなかった。過冷却している水ははげしく振動させると凍りやすいので、強風で繭がゆすぶられる場合を考えて、前蛹を同じ低温室内でひどく振り動かしてみたが、やはり凍るものはなかった。しかし、前蛹をおいた低温室の温度が－20℃以下に下がると、わずか一時間のうちに、かなりの数の前蛹が凍ってしまった。そこで凍りだす温度を正確に知るため凍結曲線を利用することにした。

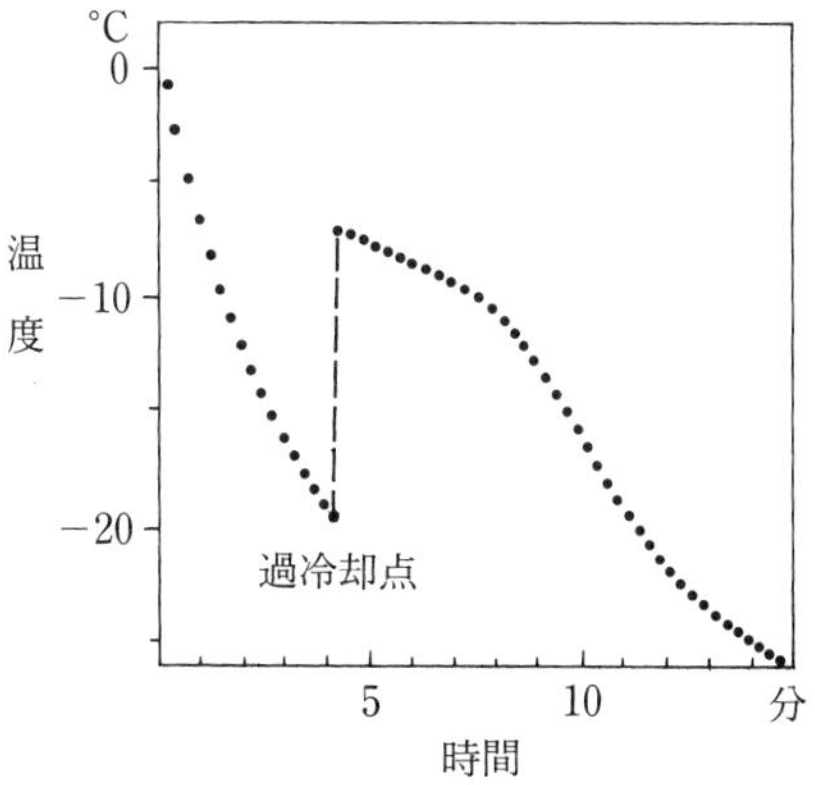

図6　イラガ越冬前蛹の凍結曲線

凍結曲線とは、縦軸に温度、横軸に時間をとり、冷却中の虫の体温の変化を記録したものである(図6)。虫体が凍りはじめると同時に体内で氷の成長による潜熱*の放出が起こり、体温が急に上がるので[1]、いつ凍ったかを正確にとらえることができる。一個の虫が、表面がぬれていない状態で冷却されるとき、ひとりでに凍りだす温度をその虫の過冷却点 supercooling point (SCP) と呼ぶ。過冷却点は、その昆虫にとって生存できる最低温度を意味する場合も多いので、昆虫の耐寒性を表す重要な指標とされている。

＊　水が凍って氷になるとき、０℃の温度で一グラムについて約八〇カロリーの熱を出す。これを凍結の潜熱という。

多数のイラガ前蛹を使って凍結曲線をとった結果、この虫の過冷却点は厳冬期(一九五二年二月)には－25℃前後(－25.2±2.3℃)まで下がったが、季節によって大きく変化することもわかった(表1)。

ここで過冷却している水溶液などが凍りだすしくみについて説明しておこう。一般に水が、ある温度まで冷却されると、その水の中にあったある種の微細な物質が触媒となって水分子が集まり、氷の核を作る。このような物質を氷核形成物質 ice nucleating agents(以下 INA と略記)と呼び、その温度まで冷却されると氷核の触媒としての活性が高まるものと考えられている。こうしてできた氷核が種子(たね)となって、そのまわりにさらに水分子を集め、一定の配列で並ばせる結果、氷というきれいな形の結晶が成長していくのである。INA は微小な固体や液体と考えられ、たとえば鉱物の小さな結晶＊であったり、動植物の組織の破片や細菌の一部であったりする。したがって自然界にあるゴミの中には必ず多量の INA が含まれている。

＊　人工的な INA としては沃化銀 AgI などの結晶があり、人工降雨などに利用されている。

表1で明らかなように、食草を食べている時期の幼虫は０℃よりわずかに下がった温度で凍りや

表1　イラガの過冷却点の変動[1)]（1951-52年）

ス　テ　ー　ジ	過冷却点 ℃	使用した虫の数
9月初めの成熟幼虫	− 4.9±1.2	11
繭に入って1〜2週間の前蛹	−12.2±2.3	12
10月の前蛹	−15.4±1.3	8
12月の前蛹	−21.5±3.5	11
2月初めの前蛹	−25.2±2.3	12
3〜4月の前蛹	−19.2±2.4	45
5月の蛹化近い前蛹	−13.5±2.4	10

すいが、これは幼虫の口から食物といっしょに入ったたくさんのINAが消化管内にあるためだと考えられている。*

* このような昆虫の過冷却現象の研究[(2)]には、昆虫の耐寒性研究のパイオニアの一人であったカナダのR. W. Saltの貢献が非常に大きく、その協力者であったノルウェーのL. Sϕmmeによってこれはさらに発展した。

さて凍りにくいイラガの前蛹も、−20℃以下まで冷却されると、凍りだすものが少なくない。しかし彼らの耐凍性はきわめて大きく、後に詳しく述べるように、数ヵ月もの長期間凍結に耐えられる。たとえば−20℃で一〇〇日間凍らせておいた前蛹を融かして暖かい温度に保っておくと、無事に変態を始めて蛹になり、これから羽化した成虫は交尾産卵し、次代の幼虫も全く異常なく成長できたのであった。

いっぽう野外にあるイラガの繭は、ここで述べた実験のように簡単な条件の温度にあるわけではない。ひと冬の間、気温はたえず変化するし、樹上の繭は、太陽の直射や夜間の放射冷却によって気温よりも大幅な温度変化をする。おそらく日光の直射する場所にある繭では、その中の前蛹は融けたり凍ったりしているのであろう。そこで繭から取り出した多数の裸の前蛹を、ふたをしたガラス皿に入れ、毎晩－20℃以下の低温室に入れて凍結させ、翌朝5℃に温めて融かしてみた。これを数回くり返してからこれらの前蛹を調べてみたところ、ひとつ残らず生きていた。

　ところでイラガのように繭に入った虫では、繭が防寒の役に立つと思っている人が多いが、実験室で調べたところ、繭の断熱性はごく少なく、寒いところにおけば短時間のうちに、繭の内部も外部の空気と同じ温度まで冷えてしまうことがわかった。イラガだけでなく、どの昆虫の場合でも、繭の果たしている重要な役割のひとつは、寒さを防ぐことではなく体の表面に水や氷が直接ふれるのを防ぐことである。虫の体を水でぬらして冷却すると、まず体の表面に密着して氷が張り、すぐ引き続いて体の中まで凍る場合が多い。これは体表に密着した氷が、体内の過冷却している水分に氷の種子(たね)を植えたと考えられるので、植氷と呼んでいる。植氷によって虫体の凍りだす温度は前に述べた過冷却点よりもはるかに高い。たとえばキャベツや甜菜(ビート)の害虫として世界的に有名なヨトウムシは、その蛹(さなぎ)が浅い地中で越冬するが、蛹の過冷却点は－20℃前後であるのに、水でぬれた布に包んで冷却すると、どの蛹も－4℃くらいで凍ってしまう。(3)

植氷によって起こる物体の凍結を植氷凍結 inoculative freezing、またその凍りはじめる温度を植氷過冷却点 inoculative supercooling point (SCPi) という。これに対し植氷することなしに冷却していくと、ある温度でひとりでに水が凍る現象を自発凍結 spontaneous freezing と呼ぶ。

イラガの繭の役割としては、このほかに野鳥などの肉食動物に食べられるのを防ぐことなどもあるが、おそらく最も重要なもうひとつの効用は、虫体の乾燥を防ぐことである。前蛹を繭から取り出して戸外の空気にさらしておくと、日光にあたらなくても次第にしなびてくる。いったんしなびはじめると、虫体をぬらしたり湿度の高い場所に移したりしても、もはや回復させることは難しい。こうなった前蛹は三〇～五〇日間は生きているものもあるが、ほとんど助からない。実際に繭の性質を調べた結果、イラガの繭は、水はもちろん空気さえも、上方の一部を除いては通さないことがわかった(4)。

4　体の中のどこが凍るのか——組織・細胞の凍結

前章で述べたように、イラガ越冬前蛹は－20℃以下まで冷却されると、過冷却状態を保てなくなって、突然体内に氷ができる。いろいろな実験をやってみた結果、体の中で最初にできる氷の大部分は、組織の隙間をみたしている血液が凍ったものと考えられた。ここで図6に示した凍結曲線の形を見ていただきたい。虫の体温は凍りはじめた直後に急上昇するが、血液の氷点(表2参照)よりも低いある温度で上昇は止まり、はじめゆるやかに、その後次第に急に、下がって、曲線の傾斜は凍結が始まる前の冷却曲線のそれに近づく。これは、凍結開始の瞬間に虫の体内で氷の量が爆発的に増えるが、間もなく氷の成長はのろくなり、この冷却条件では、一〇分くらいの間に新しく凍る水がほとんどなくなることを意味している。血液ははたしてどのように凍るのであろうか、他の器官の水分は凍らないのであろうか。

表2　イラガ血液の氷点および含水量[1)]

ステージ	氷点 ℃	血液の含水量%	虫体の含水量%	使用した虫の数
2〜3月の前蛹	−2.04±0.15	75.2	60.9	22
5月の前蛹	−0.72±0.03	-	-	10
9月の幼虫	−0.75±0.06	89.6	80.5	9
9月繭を作る幼虫	−0.93±0.07	70.3	66.4	5
9月繭に入って2週間の前蛹	−1.11±0.06	77.5	65.2	19

越冬期のイラガ前蛹の血液を一滴とって、低温室内の顕微鏡の下でその凍り方を観察した。(1) 冬の血液の氷点(約−2℃)に近い温度で小さい氷片を血液の表面にさわらせて植氷すると、氷はまずきれいな小円盤の形で血液中に現れ、それが次第に拡大して六角形になる。温度をゆっくり下げていくと、その六つの角から羊歯(しだ)状の氷の枝が伸びて美しい六花の結晶となる(図7)。さらに冷却すれば、この六花の氷は樹枝状に枝を伸ばして大きく成長していく。このように氷は最初にできたごく小さい氷晶のまわりに水の分子が集まり、結晶化するために成長するのである。このとき氷晶の先端そのものが伸びていくようにみえるが、実はあとからあとから新しい氷が先端部にできているので、古い氷はもとの位置に残っている。血液内の氷が成長しつつある途中で冷却を弱めると、いままでとがっていた氷の枝先はまるく太くなる。また樹枝状の氷のごく細くなっているところは切れやすく、切れるとたくさんのまるみをおびた小型の氷片ができる。越冬期以外の時期、たとえば秋に繭(まゆ)に入って間もなく、あるいは初夏に蛹(さなぎ)になる前に、前蛹の血液を採って、ほぼ同じ実験条件で凍らせてみると、同じよ

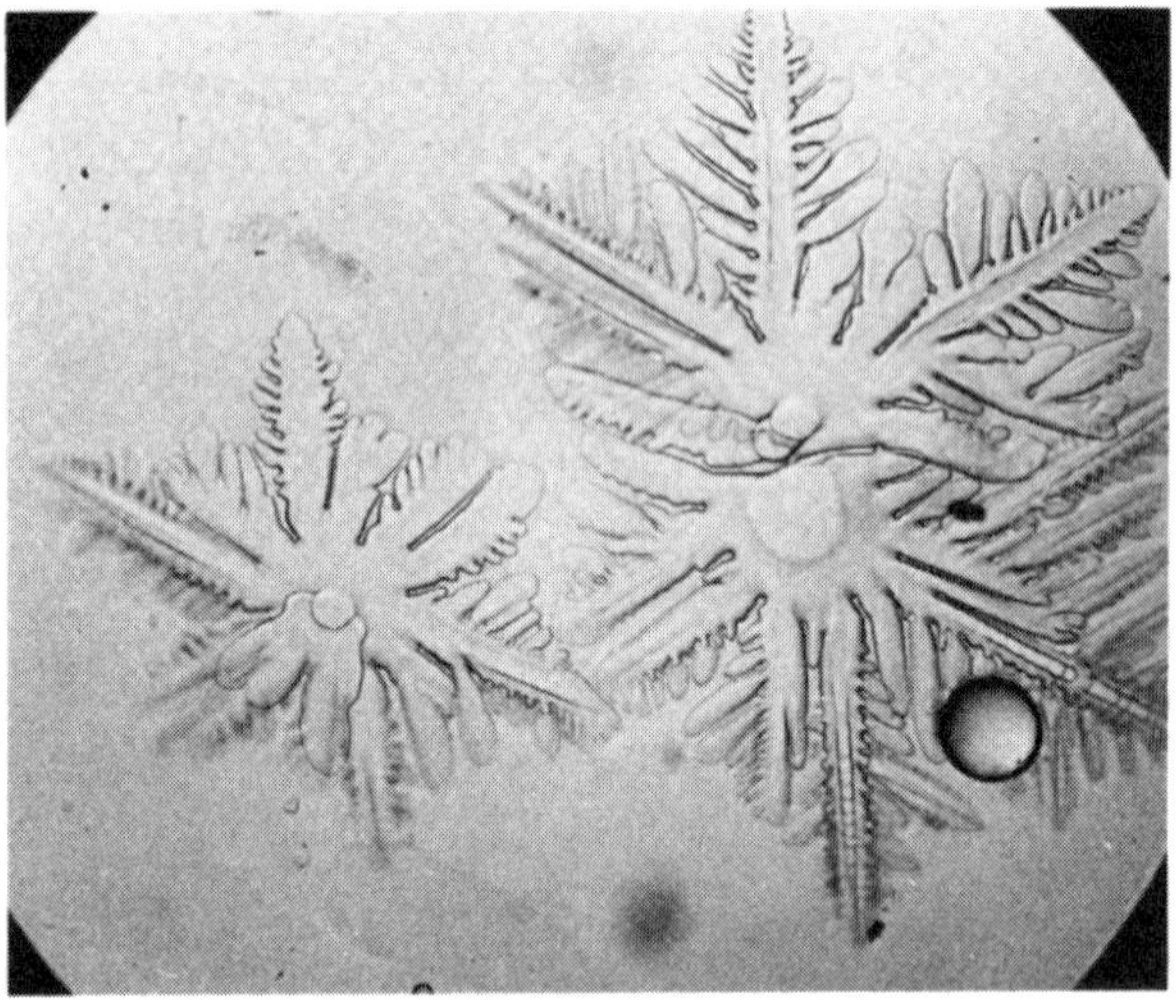

図7　イラガ前蛹の血液中にできた氷晶(×85)

うな六花の氷晶ができるが、氷の成長がもっと速く、氷晶がごく小さいうちから樹枝状になりやすい。しかしいずれの場合も、純水の凍結に比べると氷の成長速度がはるかに小さいことがわかった。

このように越冬前蛹の体内にできる氷晶の成長がのろい理由は、血液中に溶けている物質(溶質)のためである。昆虫の血液には各種のアミノ酸、タンパク、糖、塩類などが溶けているが、そのほかに越冬期の一部の昆虫に特徴的に存在する溶質としてグリセリンがある。これらの溶質は血液が凍るとき氷晶のまわりに濃縮され、氷晶が成長するにつれ、その表面は濃縮血液の層でおおわれる。イラガ前蛹が凍るとき、まず一番凍りやすい血液が急速に凍るが、凍結に伴う体温の急上昇，血液の濃縮によるその氷点の降下（第7章参照）などのため，氷の成長速度はすぐにのろくなって，血液中にできた氷晶がそのまま成長を続けて体内諸器官の組織細胞の中まで侵入するようなことはほとんど起こらない。

いっぽう生物の健全な細胞では，細胞の外側に氷ができてもこれに引き続いて細胞の内部が凍ることはめったにない。これは細胞の表面にある原形質膜が，水は通すが氷は通しにくいためだと考えられている。そして耐凍性のある動植物の細胞では，このような性質（防凍性）がとくによく発達している。しかしこんな強い細胞でも，氷にさわったときに細胞自身が十分過冷却していると，原形質膜中の水も凍りやすく，細胞の中にまで凍結が進行してしまう。イラガ前蛹の場合は，虫体が相当に過冷却していた場合でも，まず大量の血液が凍結し，一時的ではあるが体温がかなり上がるので，体内の細胞の過冷却度は小さくなり，氷が原形質膜を越えて細胞の内部にできることはきわめて起こりにくい。

このような状態で，細胞の外面に氷がさわったまま次第に温度が下がっていくと，細胞内部の水は原形質膜を通って外側に出て氷の表面に達し，ここで凍る*。その結果，細胞は水を失ってしなび，外側にある氷晶は成長する。このような形式の細胞の凍り方を細胞外凍結 extracellular freezing と呼び，生物細胞の凍り方としては最も一般的なものである。こうしてさらに温度が下がるにつれ，体の中の氷の量は増え、虫の体を作っている組織の細胞はさらに脱水されて縮小する。

＊ この現象は一般に過冷却された水の表面では同じ温度の氷の表面より蒸気圧が高いという事実で説明される。昆虫の細胞ではそのまわりに血液がある場合が多いので、凍結によって濃縮された血液のために細胞が脱水されたと考えてもよい。

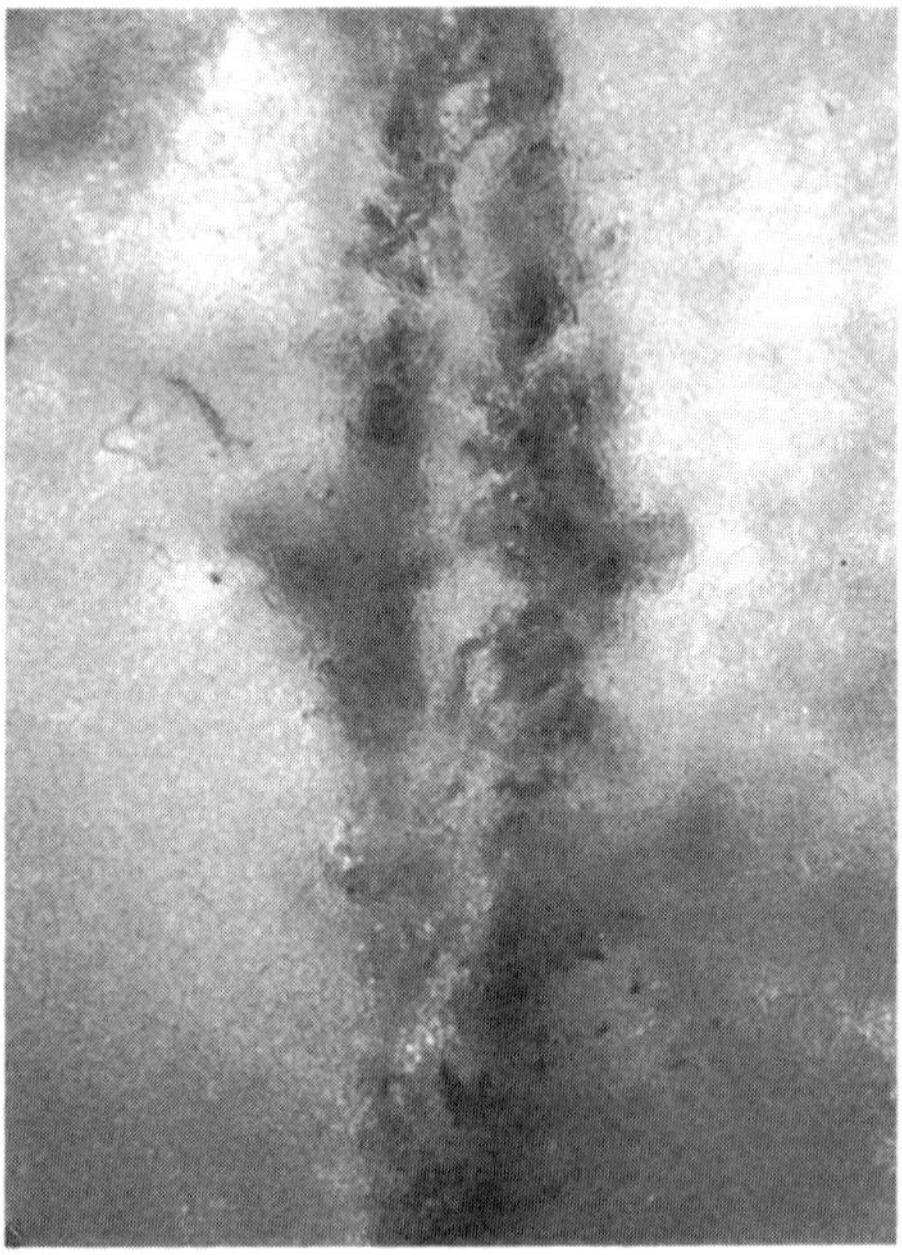

図 8 イラガ前蛹背脈管の細胞外凍結．植氷 11 分後，－11°C（×33）

次にイラガ前蛹の内臓を切り出して、いろいろな器官を血液に浸けたまま、低温室内の顕微鏡の下で植氷して凍らせてみた。(2) まず背脈管（心臓）の場合、血液中に現れた氷は、植氷する温度が－5°Cではきれいな樹枝状に、－10～－20°Cでは雲が広がるように伸びて組織のまわりをおおう。このとき背脈管の組織は全体として縮小するが、その

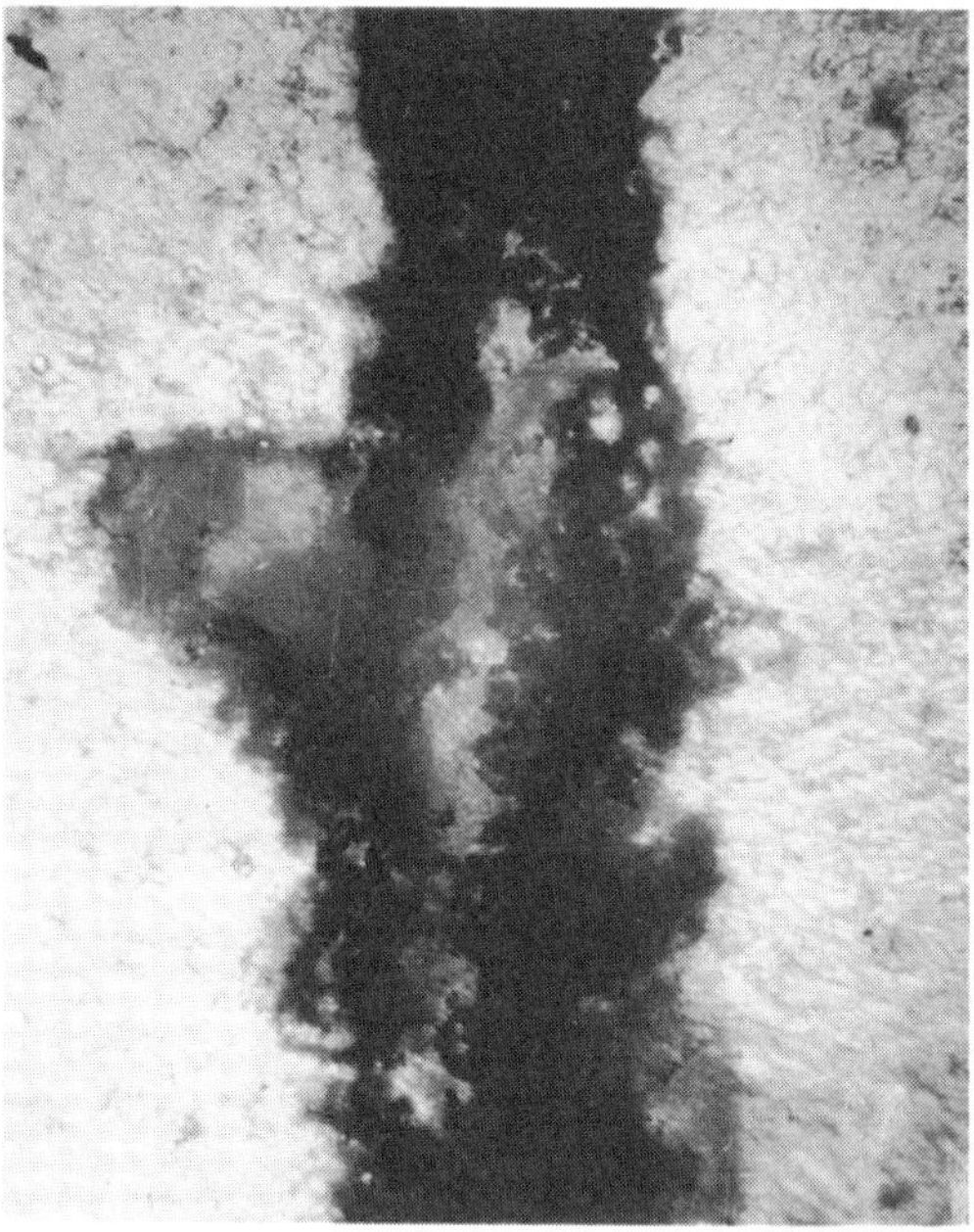

図9　イラガ前蛹背脈管の細胞内凍結．
−20°C で植氷2分後，−13°C(×33)

内部は凍る前と同様に半透明に見える(図8)。背脈管のまわりの細胞(囲心細胞)は氷の間に細くなって見えるが、拡大してみると透き通って正常な構造が見えるので、細胞内部は凍っていない、つまり細胞外凍結をしていることがわかる(図10)。気管でも、神経索でも、生殖巣でも、あるいは脂肪体でも、同様な凍り方で外面をおおう氷が厚くなっても、その内部はあまり暗くならずほぼ半透明に見える。おそらく氷は外側だけにでき、器官の内部の組織は、ひとかたま

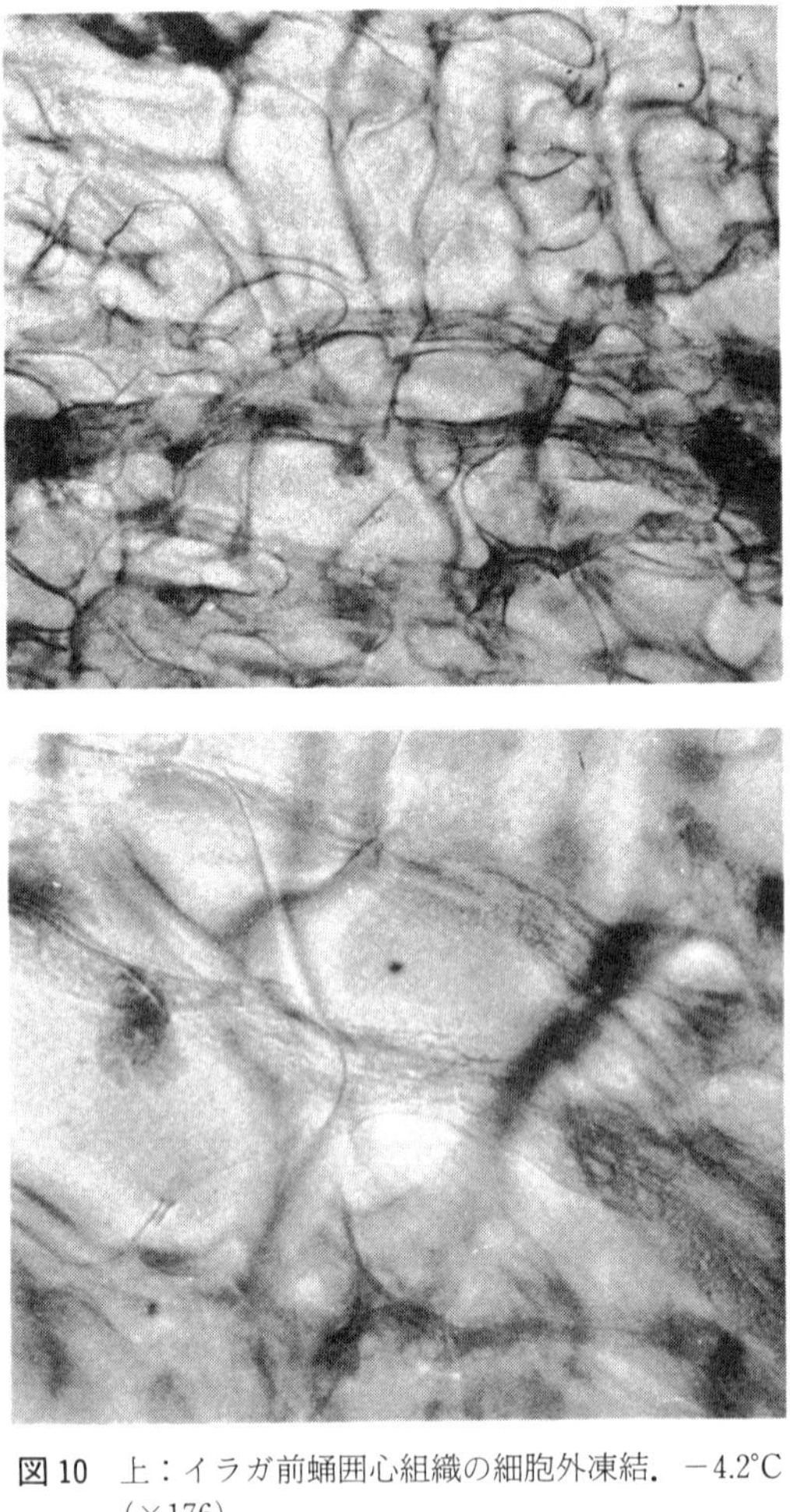

図 10　上：イラガ前蛹囲心組織の細胞外凍結．－4.2°C（×176）
下：同じ組織の一部拡大．紐状に連なった細胞の内部は透明，－4.2°C（×380）

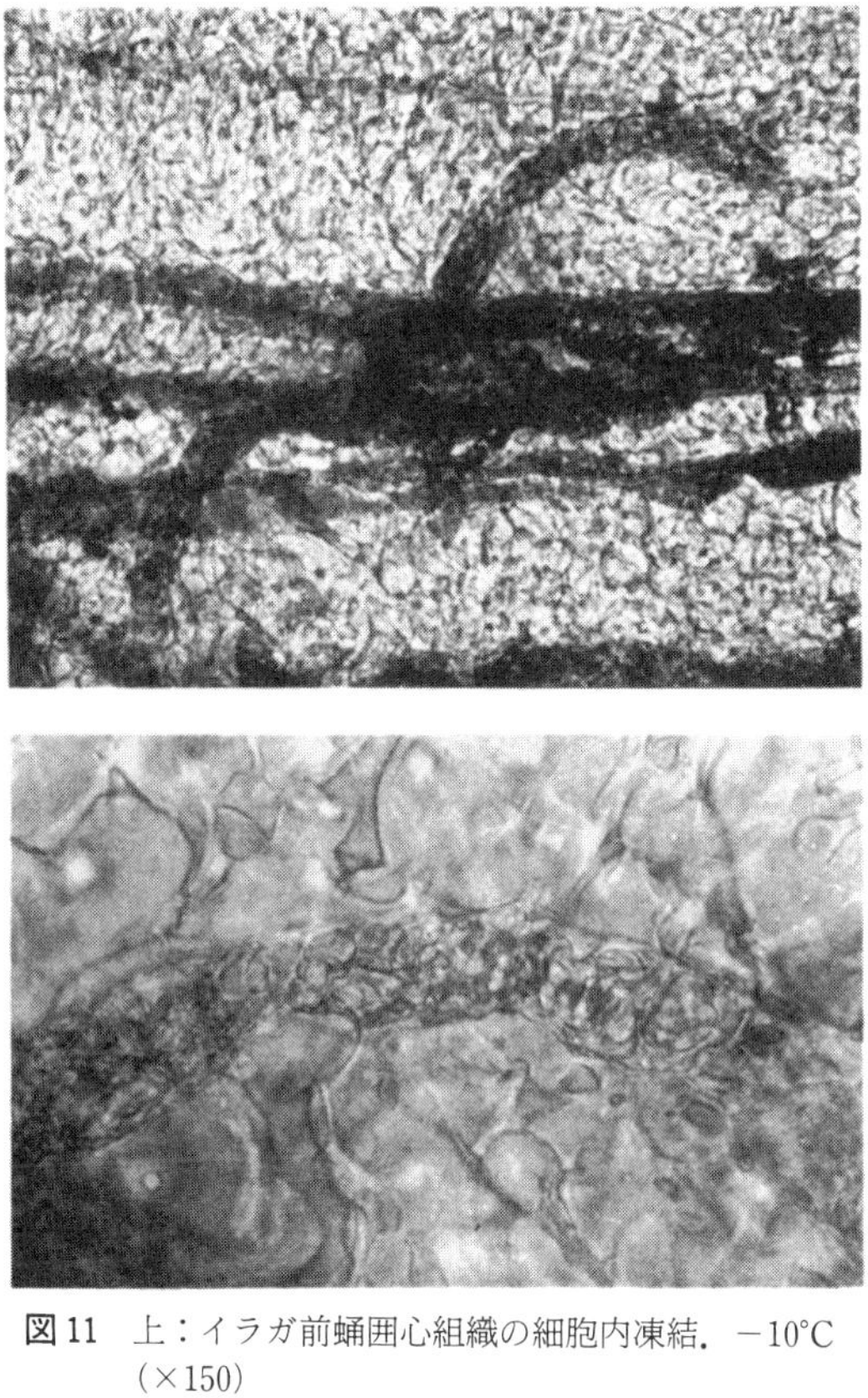

図11　上：イラガ前蛹囲心組織の細胞内凍結．−10°C（×150）
下：同じ組織の一部拡大．細胞の内部には多数の小氷粒があるので暗く見える．−10°C（×430）

りになって脱水され縮小しているのであろう。このように凍った器官を融かしてみると、いずれも凍る前と同じ姿で、とくに背脈管の場合は室温に温めると活発な脈動を再開した。

それでは細胞の内部まで凍ったらどうなるのであろうか。イラガ前蛹のように高度の耐凍性をもつ昆虫の細胞を内部まで凍らせる、つまり細胞内凍結 intracellular freezing を起こさせるのはなかなか難しいが、これには二つの有効な方法がある。そのひとつは非常に急速に冷やしながら凍らせること、他のひとつは細胞に水を吸わせてから凍らせることである。われわれはこの双方を併用した。前蛹の背脈管を約〇・九％(重量)の食塩水に浸けると、その細胞は吸水するが、背脈管の組織はこの液の中で長時間生きていて活発に脈動を続けている。この食塩水中で－10℃くらいの温度で植氷した場合、背脈管は前に述べた細胞外凍結を起こし、融かせば生きている。しかし－20℃に背脈管の組織を過冷却させておいて植氷すると、細胞内凍結が起こる。植氷と同時に背脈管の組織の表面はさっと氷におおわれるが、その直後に、組織を作っている多数の細胞が急に乳濁したように暗くなり、このため凍る前は半透明に見えていた背脈管全体が、はっきり暗く見える(図9)。囲心細胞は以前と同じ大きさのまま暗化し、縮小することはない。細胞の内部にごく微小な氷が無数にできたため光が透過せず、凍結直後の細胞は、顕微鏡の下では真っ暗に見える(図11)。時間がたつにつれ、細胞内の微氷晶は互に融合して大粒になっていくので、細胞はやや明るくなる。こうなった背脈管を融かすと、細胞は崩壊していて背脈管全体としてはいくらかふくらんで見える。もちろん、温めても全く動かない。

5　昆虫の凍死

イラガのように凍害を受けにくい昆虫はむしろ少数派であって、大部分の越冬昆虫は、その体がいったん凍結すると生命にかかわる障害を受ける。そのような凍結に耐えない昆虫たちを、イラガのような耐凍型昆虫に対して、非耐凍型昆虫 freeze intolerant insects と呼ぶ。またこのような昆虫は過冷却能力が非常に大きくて凍りにくいものが多いので、防凍型昆虫 freeze avoiding insects とも呼んでいる。

丹野は非耐凍型昆虫の凍結曲線をとりながら、この曲線上のいろいろな時点で虫体の冷却を止め、すぐ融解させて、どこまで凍結が進んだら凍死するかを調べた。(1) 図12に示したのは、イラガ前蛹(ぜんよう)と体の構造がよく似ていて、しかも耐凍性の全くないアゲハチョウの越冬蛹の模式的な凍結曲線である。蛹(さなぎ)が冷却され、その体温がこの曲線上で過冷却点に達し、凍結が始まった直後の、体温が急上

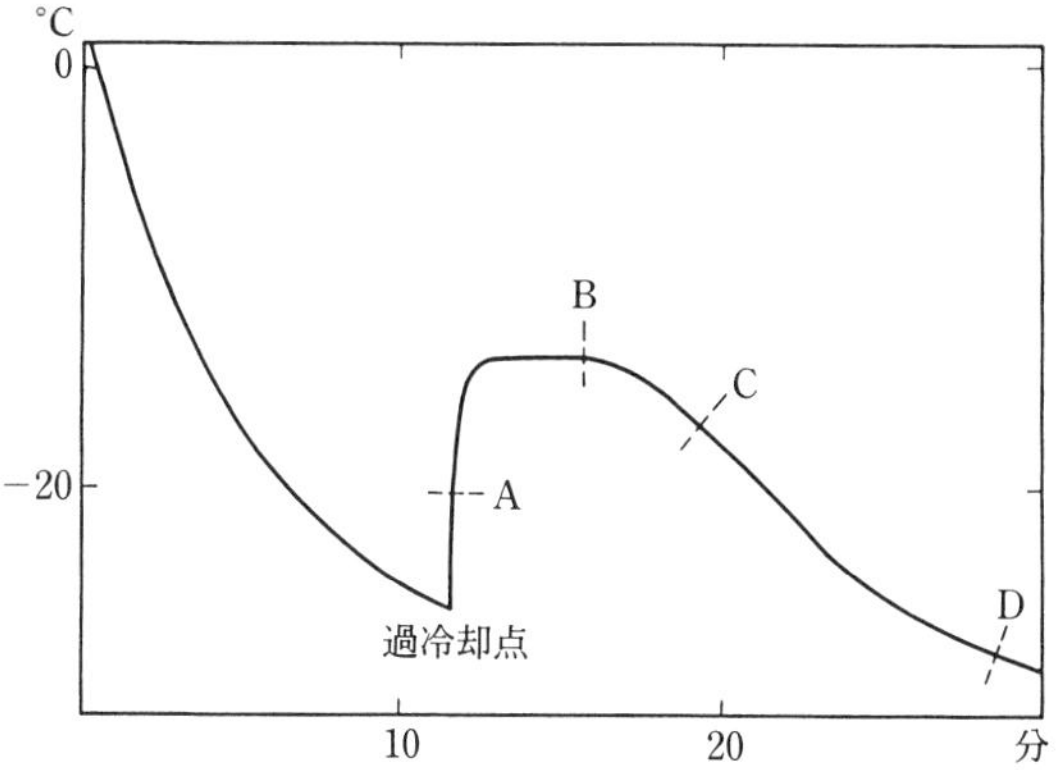

図 12　アゲハチョウ越冬蛹の凍結曲線（丹野，1963 より一部変写）

昇しているとき（A）に凍結を中止させた蛹はすべて生きていて、成虫に変態できるが、自力で蛹の皮を脱ぐことができなかった。続く曲線上の平坦部（B）で融解させた蛹では、凍害の程度はAにごく近いが、変態できた成虫の活動力はさらに弱かった。冷却がさらに進んで曲線が下がりはじめてから（C）蛹を融解させると、ほとんど半数のものが致命的な害を受けていた。残りの半数の蛹も変態が不完全で、頭と胸の部分はチョウの姿になるが、腹部は蛹のときの形のままでやがて死んでしまった。もっと凍結が進んで、曲線の傾斜が過冷却点に達する以前と同じくらいになったとき、つまりこの温度で凍る体内の水分がほとんどなくなった時点（D）で蛹を融解させると、どの蛹もすべて凍死していた。

すでに述べたように、蛹の体内で最初に凍るものの大部分は血液と考えられ、凍結曲線上のBで融かされた蛹がひとつも死んではいない事実から、血液の大部分が凍っても蛹にとってまだただちには致命的でないことがわかる。凍結の過程がB—C—Dと進むにつれ害が大きくなることは、血液の凍結に引き続いて、虫体の各組織の細胞が氷と濃縮された血液に挟まれて脱水され、これが進むにつれ凍害が次第に深刻となることを示している。

越冬している昆虫ではなく、真夏にシマカラスヨトウという大きなガの成虫を－10℃で凍らせたことがあるが、胴体も脚も石のように硬く凍ってから五分後に融解させた(図12のC点付近までの凍結にあたる)ところ、体温が上がるにつれ動きはじめ、驚いたことに飛びまわることもできた。しかしこれは一時的な現象で、間もなく動かなくなり数時間のうちに死んだ。

野外の寒さで昆虫が凍る場合は、いま述べた実験のように、凍りだして二、三〇分以内にすぐ温められることはとても考えられず、いったん凍りはじめれば、A—B—C—Dの各温度を通過してしまうのが普通であるから、非耐凍型昆虫の場合には致命的な凍害を受けることになる。いっぽう耐凍型の昆虫の場合は、凍結曲線の上ではD点に達してもほとんど害を受けない。その種類や時期によってほぼ決まっている耐凍度(耐凍性の大きさ)に従って、それぞれある温度以下に冷やされるまでは大丈夫である。しかし耐凍型昆虫でも凍結されている期間が、彼らが経験できる最長の寒冷期間、つまりひと冬を越えてさらに延びると、明らかに死ぬものが増えてくる。

繭(まゆ)に入ったままの数百個のイラガ前蛹を使って、－10℃＊と－20℃での三〇〇日以上におよぶ長期の凍結と過冷却の実験を行ってみた。五〇日ごとにそのなかからそれぞれ一〇個ずつ取り出して温め、その生死と融解後の成長、変態を調べた。(2)

＊　－10℃では前蛹は凍りださないので、いったん－20℃以下に冷やして凍結させたものを、－10℃にもどして保存した。

この実験の結果、凍結期間が一五〇日を超えると、凍死するものが次第に増えるが、二五〇日までは生きているものが必ずあり、最も長い生存記録は、－20℃で三七四日間の凍結に耐え、融解後室温でさらに七二日間生きていたものであった。しかしこの虫は前蛹の形のままで、変態は全く進まなかった。－10℃でも－20℃でも凍結期間が二〇〇日を超えると、生きてはいるが前蛹から蛹に脱皮できない、あるいは蛹にはなれても羽化してガになれない、つまり変態できないものが増加した。この事実から、体の中でも脱皮や変態に関係の深い機能が凍害を受けやすいことがわかる。

このような凍害の様子は、休眠中(一〇月)の前蛹でも、休眠が終わった(三月)前蛹でも全く同様であった(休眠の説明は第8章参照)。いっぽう対照実験として、冬の日中の温度に近い2～－4℃に保存した凍結しない前蛹たちは、二七五日間の冷蔵後にも全く正常で九二%のものが羽化することができた。体内に氷のできない過冷却状態ならば、長期冷蔵してもおそらく害は少ないだろうと思われたが、－10℃での長期過冷却の結果は、－10℃で凍結保存したものとの間にはっきりした違いは見られなかった。以上の結果から想像すると、イラガ前蛹が－10～－20℃で長期間凍結している間に受ける害は、虫体の凍結そのものが直接の原因ではなく、この温度でも進行している虫体内の代謝*に関係があると思われる。もしそうだとすれば、凍結したまま長期生存を可能にするひとつの方法は、代謝の進行をできるだけのろくさせることであり、このためには後章でふれるように、保存温度を生存が可能な限りできるだけ低くすることが望ましい。

* 生物が生きていくために行う物質変化やエネルギーの交換を代謝という。

6　いつごろ寒さに強くなるか——耐寒性の季節的変動

すでに述べたように越冬期のイラガ前蛹(ぜんよう)は非常に高い耐寒性をそなえている。しかし耐寒性をそれほど必要としない季節の前蛹ではどうであろう。一九六〇年ころの調査で秋と春のイラガの耐寒性がかなりわかってきた。まだカエデの葉を食べている活動中のイラガ幼虫は、表1(一五頁)に示したように－5℃前後で凍りだすが、その温度で一日凍結させてから融解すると、生きてはいるがその血液の色が間もなく暗褐色に変わる。この虫の背脈管はいったんは脈動を回復するが、一、二日の間に必ず死んでしまう。繭(まゆ)を作りはじめた九月上旬の幼虫でもほとんど同様である。繭に入って五日くらいたつと過冷却点もやや下がり、－5℃で一日の凍結に耐えるようになる。このころ幼虫の形も前蛹に変わる。これ以後前蛹の耐凍性は次第に高まり、一〇月中旬以後には急に強くなり一〇月末になると、もはや－30℃の凍結でも害を受けない。このような前蛹の高い耐凍性は、翌年の三月までは引き続き維持されているが、春がきて暖かい日が続くと急に低下し、五月になると耐えられる凍結温度は－10℃程度になる。これ以後前蛹は蛹(さなぎ)への変態を始め、体の色が透き通るように淡くなっていき、これまで体内に引き込まれていた頭部が突出してくる。このように変態の進んだ前蛹は、もはや－10℃の凍結には耐えられない。－5℃一日の凍結ならば生きてはいるが、融解後の変態は異常になり、蛹化(ようか)してもさらに脱皮して成虫になれるものはほとんどなかった。こうなったときの前蛹の組織の凍り方を見るため、背脈管を切り出して同じ虫の血液の中で凍らせてみたが、さきに述べたような細胞内凍結を起こしやすくなったわけではなかった。したがって春の前蛹では、細胞外凍結に対する抵抗性が低くなったのだと考えられる。

ここでおことわりしておきたいのは、－10℃では凍結に耐えられない虫を、－10℃のところに一日おいても、必ずしも死ぬわけではないということである。表1に示したように、イラガ前蛹は非常に凍りにくい。その過冷却点は、毎年九月中旬にはすでに－10℃より下がっているものが多く、同じ程度の過冷却能力は翌年五月にも維持されている。だから野外の気温では春や秋に虫の体が凍りだすおそれはなく、したがって前蛹は凍害の心配なく生き延びることができる。

7　耐寒性を変化させるもの

これまでの観察で、イラガ前蛹（ぜんよう）が、冬の寒さに耐えて生き延びるために、まず過冷却という現象を利用して体の凍結を免れていること、万一その体が凍結した場合でも、体を作っている細胞が凍結に耐えて生きている、つまり耐凍性があるという事実がわかってきた。このような寒さに対する抵抗性は何が原因になってできてくるのであろうか、このなぞを解くためにまず血液の性質を調べてみた。血液は前蛹の体重のほぼ三分の二を占め、この前蛹の場合はまず血液が凍りだしてからこの中に浸された内臓の組織が凍る。したがって血液そのものの凍りやすさや溶けている物質の性質が、耐凍性に関係がありそうだと考えられた。

最初に前蛹から取り出した血液の過冷却点を調べると、越冬前の一〇月にはもうかなり低く、越冬を終わった四月でもまだ同じくらいに低いが、五月になるとはっきり上がってくる(1)(表3)。表1

表3　イラガ前蛹の血液の過冷却点[1)]

時　期	過冷却点 ℃	使用した虫の数
10　月	−13.9±1.3	6
4　月	−13.3±1.7	8
5　月	−10.1±1.5	7

（一五頁）と表3を比べてみると、一〇月でも五月でも、血液だけの場合より、虫の体に入っている血液のほうが凍りにくいことがわかる。これは血液が取り出されると氷核形成物質（第3章）が混入しやすいことや、虫体内の血液が脂肪体の間に薄い層に分かれて存在することもその一因*であろう。

＊　液体を非常に細い管や狭い隙間に入れると、器壁とその液との間の分子間引力の影響で、その液の性質、たとえば氷点などが変わってくる。

血液の氷点や虫体の含水量を測定してみると、夏の幼虫と冬の前蛹との間にはかなり大きな違いがある（表2－一九頁）。血液の氷点が越冬以前と越冬の最中とで1℃以上も差があるということは、含水量の変化くらいでは説明できず、血液中に溶けている物質の性質および量の変化が予想される。もしこの虫の血液の中で、小さい分子でできた溶質が越冬期を挟んで相当多量に増減したと考えると、大変説明しやすくなる。たとえば糖類や塩類のような物質が水に溶けているとすれば、多く溶けているほど氷点は下がるからである。* 1℃以上も氷点が下がるためには、その溶質の血液中の濃度はかなり高くなったと考えられるが、長い越冬期間中この状態が続くのであるから、その物質は生物体への害がごく少ないものでなければならない。

＊　水に糖類やグリセリンのような非電解質が溶けている場合に、この溶液の濃度があまり濃くなければ、一モル当り1.86℃だけ氷点が下がる。この現象を氷点降下という。

さきに低温生物学の分野のひとつの大きな領域として、精子、血球などの長期凍結保存の研究があることを述べたが、その実用的緊急性のために、世界各国で保存方法の開発が急速に進み、われわれがイラガの研究をやっている間にすでに実用的段階にまで発展しつつあった。このような生物細胞の凍結保存の成功の決め手となったのは、英国の低温生物学者らによって一九四九年に発見された、ニワトリやヒトの精子を適当な濃度のグリセリンを含む溶液中で凍らせると、ほとんど凍害が起こらないという事実であった。(2) これによって、たとえば赤血球のような医学上重要な各種の細胞を液体窒素温度(約－196℃)で保存することが可能になり、またそれまでは多大の経費がかかった優良種牛による交配が、輸送された冷凍精液を使うことで、きわめて廉価にすませるようになった。

いっぽうグリセリンが休眠期の昆虫の体の中に作られるという研究が、ちょうどこのころに、日本では蚕(かいこ)の卵で、米国ではヤママユの一種であるセクロピア蚕の蛹(さなぎ)を使って、時を同じくして発表された。(3)

もしも越冬昆虫の血液に、蚕の卵やセクロピア蚕蛹のようにグリセリンがかなりの量で溶けているとすれば、血液の氷点や過冷却点が下がり、さらに越冬中に起こるかもしれない虫体の凍結にあたって、凍害を防ぐ可能性が予想された。このようなわけで当時の昆虫の耐寒性の研究者たちは――といっても世界中でほんの三、四人しかいなかったが――さっそく越冬昆虫のもつグリセリンを調べはじめたのであった。

8　休眠と耐寒性

昆虫がもっているたくさんのすぐれた生活手段のなかで、最も巧妙にできているもののひとつが休眠 diapause である。この興味深い現象のしくみについてはすぐれた解説[1]も少なくないので、ここではごく簡単に説明しておこう。

休眠とは、その虫が発育していく過程で、長い間変態の進行が停滞しているような生理的状態をいう。たとえばチョウやガを例にとると、彼らは成長の途中で卵→幼虫→蛹（さなぎ）→成虫と変態するが、休眠すると、どこかのステージで変態が停止してしまうので、卵であれば幼虫が生まれず、幼虫ならば蛹にならず、蛹ならば羽化できず、成虫ならば生殖巣が発達しないことになる。もっとも休眠中といっても必ずしも動かないことを意味するわけではない。幼虫や成虫では休眠中も歩きまわり、飛ぶことさえできるのである。

このような形の発育の停止は、その昆虫が大昔からの長い進化の過程で、そのすみ場所の環境条件に適応して獲得した、生き残るための戦略のひとつである。たとえば温帯にすむ昆虫の多くは越冬に先立って休眠を始めるが(卵から成虫までのどのステージで休眠するかは昆虫の種類によって決まっている)、彼らは休眠しているおかげで、晩秋などにかなり暖かい日が続いても、餌のない時期に卵から幼虫がかえったり、チョウが羽化したりして死の危険にさらされることを巧みに防いでいる。そして長い冬の間に休眠からさめ、翌春暖かくなってからいっせいに新年度の活動を開始するのである。実際には多くの昆虫は、冬の初め一二月のうちにはほとんど休眠からさめていて、発育に適当な暖かい日がある程度長く続けば、変態を始めることができる。

越冬している昆虫が休眠からさめるしくみは、セクロピア蚕の蛹を使ったWilliamsの研究(2)がよく知られている。休眠蛹がある期間冷却されていると、蛹の脳が活性化されて前胸腺(ステロイドホルモン分泌器官)を刺激して、前胸腺ホルモンを分泌させる。このホルモンが蛹の組織に作用すると、蛹の体のそれぞれの場所で成虫への組織の作りかえ、つまり変態がいつでもスタートできるようになるのである(3)。イラガ前蛹(ぜんよう)の場合は、その血液中に含まれる幼若ホルモン*が脳からの神経分泌を阻止するために休眠が続いているので、幼若ホルモンが減ると休眠も終わるという(4)。休眠を始めたイラガ前蛹は、0℃から10℃くらいまでの低い温度におかれると、一ヵ月からおそくも二ヵ月後までに休眠からさめ、これを20℃くらいに温めておくと、やがて変態が始まり、前蛹の皮を脱いで蛹に変わる。

＊　幼虫の形態を持続させる作用をもつホルモン。

彼らが何をめやすにして休眠に入るかについては、各種の昆虫で調べられているが、日長時間(昼間の長さ)と温度を虫自身が感じとり、それが引き金となってある期間の後に休眠が始まるものが多い。蚕(かいこ)などの場合は引き金が引かれてから休眠するまでに長い時日がかかる。すなわち卵の中にいるごく幼期の昆虫が、暖かく(25℃くらい)て明るい、日の長い場所にいると、それから育った成虫の卵、つまり次の世代の卵が休眠して冬を越すのである。

わが国のような温帯地方では、高山性昆虫(第17章)や、成虫が冬にだけ活動する昆虫(第16章)を除くと、休眠状態で冬を迎える昆虫がきわめて多く、同じ時期に彼らの耐寒性も高いのが常である。たとえばイラガ前蛹では、休眠期に入ると、グリセリンができない場合でもある程度は耐凍性が現れ、休眠が続く限り数ヵ月にわたって少なくとも－10℃程度の凍結に耐えることができる(五八頁参照)。また休眠中の特殊な代謝によって体内に蓄積されるグリセリンなどの物質が、その虫の耐寒性を高めることは後述するように明らかな事実である。

いっぽう休眠状態が耐寒性を発現するための必要条件でないことは、高山性の昆虫がそのよい例である。平地にすんでいるエゾシロチョウの幼虫でも、最も成長のさかんな四、五齢*の時期に明瞭に耐凍性を表している(第13章参照)。

* 卵から生まれたときの幼虫を一齢といい、以後脱皮ごとに齢を重ね、通常は五齢または六齢になってから蛹に変態する。

また最近島田はキアゲハを材料にして、非休眠蛹から脳を取り去ると、5℃で二ヵ月の冷温処理によって、グリセリンが体内にできてくることを発見した(5)。これらの事実からみると、休眠と越冬昆虫の耐寒性とのかかわりについては、まだ解明されない多くの問題が残されているように思われる。

9 イラガ前蛹のグリセリン

われわれの実験材料であったイラガ前蛹(ぜんよう)でも、まず東北大学の青木廉教授の研究室ではじめてグリセリンが検出され(青木・四釜、一九五八年、未発表)、その後北大の低温科学研究所でも、主に竹原によって、前蛹のもつグリセリンの濃度の季節的変化、グリセリン蓄積の条件、グリセリンと前蛹の耐寒性とのかかわりなどが、一九五九年から数年間にわたって組織的に研究されるようになった。(1)〜(4)

まず最初の越冬期に、戸外におかれたイラガ前蛹の体内におけるグリセリン濃度(生体重一グラム当りのミリグラムで表す)の変化と、この期間中の気温の変化、前蛹の休眠の深さなどが調べられた(図13)。なおグリセリン以外の糖アルコールは現在までのところイラガ前蛹からは検出されていない。

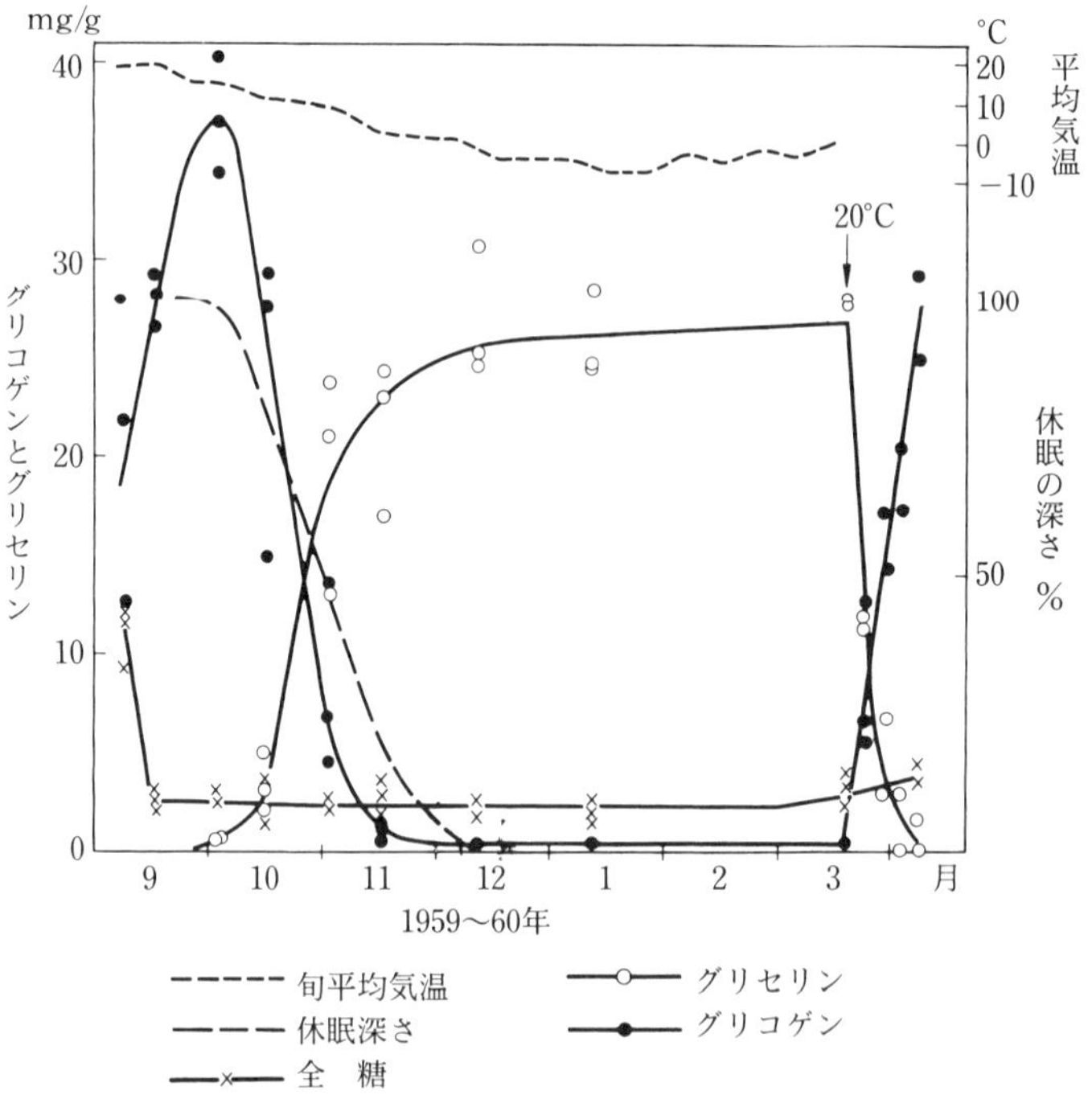

図 13 イラガ前蛹の越冬期の諸性質と環境温度の変化（竹原・朝比奈，1960）．説明は本文参照

この図からわかるように、体内の主要な貯蔵栄養物質であるグリコゲンは、幼虫が葉を食べる時期が終わり、繭（まゆ）に入って前蛹となるころに一番多く蓄積される。前蛹になってからは、秋に気温が涼しくなりはじめるとグリコゲンは急に減少し、一二月にはほとんど消えてしまう。グリコゲンの減少と全く同時にグリセリンが急増し、一二月には最高の量に達し、これはひと冬中持続する。体内の炭水化物

としては、このほかに糖類の総量を調べたが、これは九月中旬から翌年三月まで一定でごく微量であった。休眠の深さをみると、*一〇月初めには一〇〇%休眠していた前蛹が、一二月の初めにはほとんどすべて休眠からさめてしまっていた。

＊　それぞれの時期に一〇個ずつの前蛹を20℃に保存して、一〇〇日の間に前蛹から蛹へ変態するものの数を調べた。一〇個とも全く変態を始めなければ一〇〇%である。

これらの結果からみて、休眠に入った前蛹では約一ヵ月半の間に、体内に貯蔵されていたグリコゲンが、そっくりグリセリンに変わるのではないかと思われた。翌春三月一八日になって、それまで戸外においてあった前蛹を20℃に温めてやったところ、約二〇日間で体内のグリセリンがきれいに消失し、これに対応して同量のグリコゲンが作られるという期待どおりの結果となった(図13)。したがって前蛹の体内では、秋にはグリコゲン→グリセリン、春にはこの逆のグリセリン→グリコゲンという変換が起こっているらしい。

秋に蓄積されていたグリコゲンの量に比べて、冬の初めまでにそれから作られるグリセリンの量はやや少ないが、グリコゲンの一部は幼虫の活動のエネルギー源として消費され、また越冬期に入る前に体内に大量に増加する脂肪組織を作るために使われるのであろう。ここでちょっとおことわりしておくが、虫体内のグリセリンは、たとえば血液の中といった特定の場所に限って存在してい

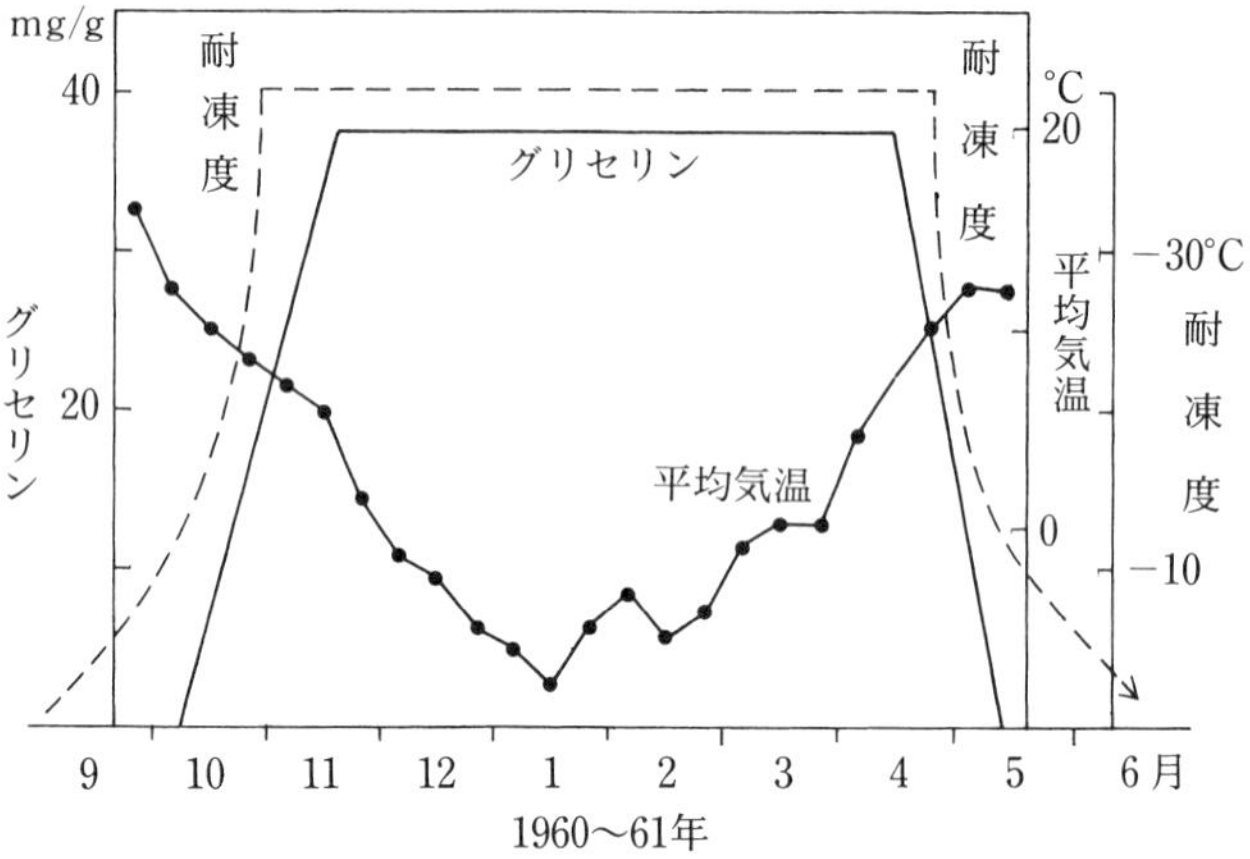

図 14 イラガ前蛹の秋から翌春までの耐凍性，グリセリン量と環境温度の変化(竹原，1963 より一部変写)

るのではない。グリセリンがグリコゲンから作りだされる場所は脂肪体であるが、グリセリンは非常に細胞膜を通りやすい性質なので、イラガ前蛹の場合も、血液中と他の組織との間でグリセリンの濃度は同じであった。

一九六〇年から六一年にかけて越冬期の全期間における前蛹体内のグリセリンの量的変動、環境温度の影響、耐凍性との関係などが引き続き調べられた[3]。このときの結果をわかりやすく図示したものが図14である。これを見るとグリセリンは、前年(図13)よりもやや多量に蓄積されたが、一〇月上旬から約四〇日の間に最高値(平均 37 mg/g)に達し、このときに前蛹の耐凍度(凍結したまま連続二四時間耐えることのできる最低の温度で表す)も最も大きくなる。グリセリンの量は一二月から翌年三月までの越冬期間中は変わらないが、四月中旬から五月中旬までの約三〇日間に急速に消失してしまった。冬中は最高であった耐凍度も、グリセリンの減少期と同じときに急に失われていった(耐凍度の測定は－40℃以高でのみ行った)。

いまかりに、イラガ前蛹ではグリセリンの蓄積が直接耐凍性の向上をもたらしていると考えると、凍結の危険がある季節を迎えるにあたって、この虫は何をめやすにしてグリセリンを作りはじめるのであろうか。さきに休眠の話のなかで述べたように、昆虫が気候を知る方法として、光と温度の二つを感知する能力があることが知られている。イラガ前蛹の場合は九月初めから繭を作りだすものが多いので、一〇月にはどの虫も繭に入ってから少なくとも一〇～二〇日くらいはたっている。繭は全く光を通さないので、前蛹は真っ暗な中で生活しているに違いない。したがってこの虫がグリセリンを作りだす、つまり体内のグリコゲンがグリセリンに変わりはじめる直接の引き金となる刺激は、光ではなく環境の温度ではないかと予想された。

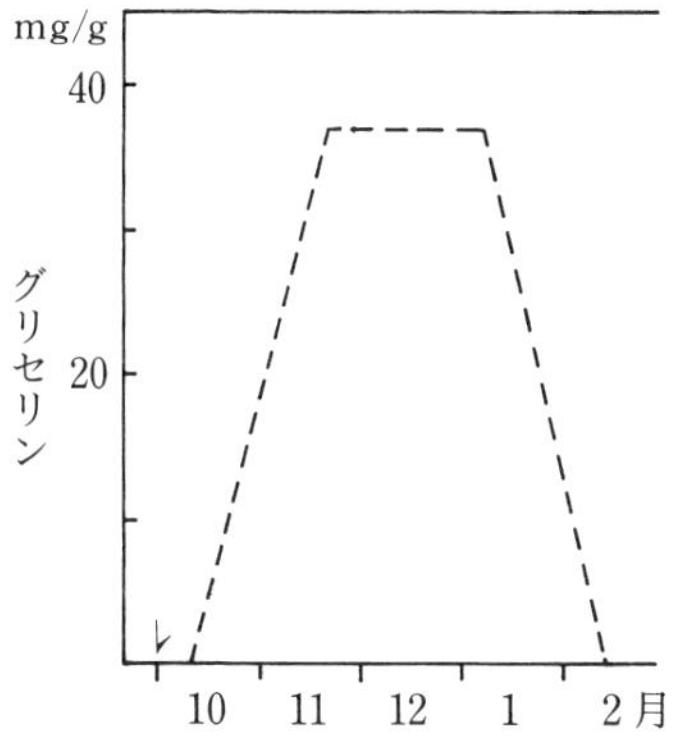

図15　10℃の温度におかれたイラガ前蛹のグリセリン量の変化. 矢印は10℃においた時期を表す(竹原・朝比奈, 1961より変写)

繭に入って間もない多数のイラガ前蛹を使って、繭のまま20℃，10℃，0℃の一定温度にそれぞれ長期間おいた場合の、グリセリンのでき方を調べてみた。[3] 結果を要約して述べると、20℃では五〇日たっても全くグリセリンはできなかった。10℃では一〇日くらいたってからグリセリンの急速な増量が始まり、ほぼ四〇日あまりで最高の量に達する。その後しばらくはこの量を保ちながら約四〇～五〇日たつと減りはじめ、以後三〇～四〇日の間にきれいに消失してしまった(図15)。0℃では、三月の初めまで五ヵ月以上たってもほとんどグリセリンの蓄積が起こらず、最高の場合でも3.8 mg/gにすぎなかった。これらの結果から、越冬するイラガ前蛹の体内で起こるグリセリンの増減は、虫体のおかれた温度によって決まるといえよう。

図14によれば、前蛹の体内にグリセリンが急増する一〇月中旬～一一月中旬の旬平均気温は10℃前後であり、またグリセリンが急減する四月中旬～五月中旬のそれも同じ10℃前後であった。以上の事実から、戸外温度におかれた前蛹内のグリセリン変動のしくみは次のように解釈できる。毎年一〇月上旬までに栄養物質をグリコゲンの形で蓄積した前蛹は、気温が次第に寒くなる途中で、10℃前後の温度にさらされている期間に、ほとんどのグリコゲンがグリセリンに変わる。これ以後翌春までの冬の期間は、温度が低すぎるためイラガ体内の生化学反応が押さえられるので、グリセリンの変化は起こらない。翌年四月外気が暖かくなる途中で、前蛹は再び10℃前後の温度に一ヵ

月あまりさらされるが、この時期にすべてのグリセリンがグリコゲンにもどり、これ以後暖かくなるにつれ体内で進行する前蛹→蛹への変態に使われるのである。

10　なぜグリセリンができるか——いろいろな昆虫のグリセリン蓄積

本章と次章では、グリセリンの生産や、耐寒性、耐凍性のメカニズムをなるべく詳しく説明したいので、どうしても理屈っぽくなる。しかしこれ以後の話を理解するためにはぜひ必要な記述なので、どうか我慢して読んでいただきたい。

昆虫が休眠に入ると、成長期とは違った特殊な代謝をすることが知られている。[1] ある種の昆虫では、このような代謝の結果として、成長期ならばそのままエネルギー源として蓄えられるグリコゲンが、グリセリンに作りかえられる。グリセリンはそのままではエネルギー源として使えない。つまり休眠中の昆虫は、暖かいよい生活条件を与えても、ただちに使える弁当ともいうべきグリコゲンをもっていないのである。

イラガの場合もグリセリンができるためには、まず前蛹(ぜんよう)が休眠に入ることが前提で、休眠してから、グリセリンができるのに好都合な10℃前後の温度におかれると、グリコゲンからグリセリンへの作りかえが始まる。こうしてできたグリセリンが越冬後に消失する過程も休眠と関係する例が知られている。たとえば蚕の休眠卵では0℃に近い低温においても、休眠が終わるとそれまで蓄積されていたグリセリンその他の糖アルコールが急になくなってしまう。(2) いっぽう札幌のイラガ前蛹では、毎年一月には休眠が終わるが、そのまま戸外の温度、または0℃以下の低温におけば、蓄積されているグリセリンの量は少なくとも三ヵ月くらいの間はほとんど変化しない。(3) 再び10℃前後かそれ以上の温度に温められたとき、はじめてグリセリンの消失が起こる。また休眠を始めたイラガ前蛹の首を糸でくくると、脳からの刺激が与えられないために、胴体はいつまでも休眠からさめず、春になっても変態は全く始まらない。しかしこの胴体を10℃におくと、正常の前蛹の場合(図15)と全く同じようにグリセリンの蓄積およびその四〇日後の消失が起こった。(3) したがってイラガのいったん休眠した前蛹では、休眠の終了と無関係に環境の温度に従ってグリセリンの増減が起こるとみてよいであろう。

休眠中の昆虫の体内に寒くなるとグリセリンができてくるのは、この虫の脂肪体にあるグリコゲンホスホリラーゼという酵素が、低温によって活性化(酵素活動の能力が高まる)されることがまず第一の理由である。このことはセクロピア蚕の蛹を材料にして、Zieglerらによって明らかにされた。[4] このグリコゲンホスホリラーゼがなぜ低温によって活性化されるかというしくみも、ごく最近になって北大の低温科学研究所生化学部門*の早川によって、シンジュサンの蛹を材料にして解明された。[5]

＊ この部門は、蚕休眠卵ではじめてグリセリンを発見した茅野春雄らを招いて一九七三年に新設された。

活性化されたホスホリラーゼの作用で、脂肪体に蓄えられていたグリコゲンは分解を始めるが、この反応が最終的にグリセリンの生産まで進行するか、あるいは途中で糖類のトレハロースになってしまうかは、その昆虫のもつホスホフルクトキネーゼという酵素の活性の高さで決まる。イラガではこの酵素の活性が高いのでグリセリンの蓄積が起こり、シンジュサンでは活性が低いので反応は途中までしか進まず、それまでにできた物質はトレハロースを作ることになる。[6]

イラガの場合でも虫体内のホスホリラーゼを活性化する最適温度は低いほうがよいのかもしれないが、最終的にグリセリンが作られるまでの反応は、もっと高温であるほうがよく進むので、このかねあいで10℃前後の温度でグリセリンの生産が最も盛んになるのであろう。もっとも、グリセリン蓄積のための最適温度が、ほとんど10℃を中心とした狭い範囲に限られているイラガのような例は、おそらく少数派である。後にも述べるように日本中で最も普通なチョウのひとつであるキアゲハでは、越冬蛹の体内にグリセリンが蓄積される最適温度は10℃であるが、−5℃でも0℃でもかなりの速さでグリセリンが増加し、20℃というやや高い温度でもゆっくりではあるがグリセリンが蓄積される(丹野、未発表)。また北米産のセクロピア蚕の蛹では、6℃では非常に効率よくグリセリンができるが、25℃でもその約四分の一の速さで、五ヵ月くらいにわたってゆっくりとグリセリンが蓄積される。[7]

ハチ類には越冬中に非常に多量のグリセリンをもつものがしばしばあり、カナダ産のコマユバチの幼虫で250 mg/gにおよぶ蓄積量が報告されている。[8] わが国でも札幌産のヒメバチ *Chasmias* の成虫は、厳冬期になると100 mg/gに達するグリセリンをもっている(第15章参照)。このヒメバチでは、グリセリン蓄積の最適温度は0℃かそれ以下にあるらしく、−10℃の低温箱に入れてその体が硬く凍ってしまったハチでも、野外で越冬中のハチと同じように大量のグリセリンが蓄積された。

朽ち木の中で越冬するムネアカオオアリでは、グリセリンは全く温度だけの影響で増減する。この働きアリを使った実験[9]によると、5℃以下の低温ではグリセリンが体内に増加してくるが、0℃で最も効率がよく、一日に約1 mg/gの割合で直線的にグリセリンが増加し、三七日後34.5 mg/gに達した。−5℃では0℃のときの割合の約四〇%、2℃では約一七%の速さでグリセリンが増え、5℃ではごくわずかしかできなかった。7℃以上になるとグリセリンの蓄積は全く起こらず、20℃の室温では、それまでにもっていたグリセリンもなくなる。このアリの場合もイラガと同様に、グリセリン生成反応の基質*はグリコゲンと考えられ、体内にグリセリンが増加するときには、ほぼ同じ量のグリコゲンが消失する。このことから予想されるように、グリセリンの変動はアリの活動に直接関係があり、0℃より高い温度ではアリは動きはじめ、5℃ではゆっくりではあるが正常に歩き、7℃以上の温度では全く活発に活動する。また、このアリでは食物をとっている時期でも、環境温度が下がれば間もなくグリセリンが体内に増加してくるという特性がある。

* 酵素の作用で化学反応を起こす物質を、その酵素反応の基質と呼ぶ。

11　耐寒性とグリセリン・糖などのかかわり

イラガ前蛹の体内に越冬期に先立って蓄積されてくるグリセリンは、はたしてこの虫の耐寒性を高めるのにどの程度役立っているのであろうか。すでに表1（一五頁）に示したように、前蛹の過冷却点は秋から冬を越して翌年春までに著しく変化する。この表にそれぞれの時期の前蛹のもつ大体のグリセリン量を記入してみると、同じ年の資料ではないが、おおよその傾向はつかむことができる（表4）。すなわちグリセリンができはじめるとわずか一ヵ月の間に過冷却点は10℃も下がり、グリセリン量が最大になる冬期の四ヵ月は、過冷却点も最低で約−20℃かまたはそれより低くなる。翌春五月にグリセリンが全く消えてしまうと、前蛹の過冷却点も前年繭に入った当時と近い値にもどる。同じ期間中に血液の氷点も著しく変化すること（表2－一九頁）など考えあわせると、イラガ前蛹では、過冷却点の変化とグリセリン量のそれとの間に何らかの関係がありそうにみえる。しかし

表4　イラガ前蛹の過冷却点とグリセリン

ステージ	過冷却点 ℃	グリセリン mg/g
9月初めの成熟幼虫	約　－5	0
繭に入って1～2週間の前蛹	約　－12	-
10月の前蛹	約　－15	5前後
越冬期(12～3月)の前蛹	－20以下	25以上
5月の蛹化直前の前蛹	約　－13	0

イラガのもっている程度のグリセリン溶液の濃度では、それによる氷点降下(三七頁参照)と同じ程度、つまり2℃くらいの過冷却点の降下しか説明できないので、後に述べる氷核形成物質の不活性化という概念が採り入れられるまでは、前蛹の過冷却点が非常に下がる理由は不明のままであった。

いっぽう北海道にすむイラガの前蛹のように、体が凍結するおそれのある場合も、グリセリンの蓄積がこの虫の生存に役立っているのであろうか。図14(四六頁)によれば、前蛹の体内にグリセリンが急増する秋一〇、一一月に耐凍性も急に高まり、また翌春四月グリセリンが急減する時期にはっきり耐凍性も低下していく。しかしこの図をよく見ると、前蛹の秋の耐凍性の向上は、グリセリンの蓄積が始まる以前から始まり、翌春グリセリンがなくなった後も、ある程度は耐凍性を保持しているように見える。

この問題をはっきりさせるために、秋と春のグリセリン変動期に、繭に入ったまま戸外温度においた数百個の前蛹を使って、グリセリン量と耐凍性の変化を定期的に観察した。(1) 秋の結果は図16に示したが、グリセリンの蓄積に先立って、耐凍度は－10℃くらいまで高まっている。それ以後はグリセリン量の増加に平行して耐凍度も高まり、グリセリン量がほぼ20 mg/g(体重の二%)を超える一〇月下旬には、すでに最高(−30℃以低)に達する。春の結果は図17に示した。この時期には気温の高い日が続くと、繭の中で前蛹の変態が始まり、ひとつひとつの虫体の状態にばらつきがひどくなるので、条件をなるべく一定にするために、三月初めにそれまで戸外においてあった多数の繭を

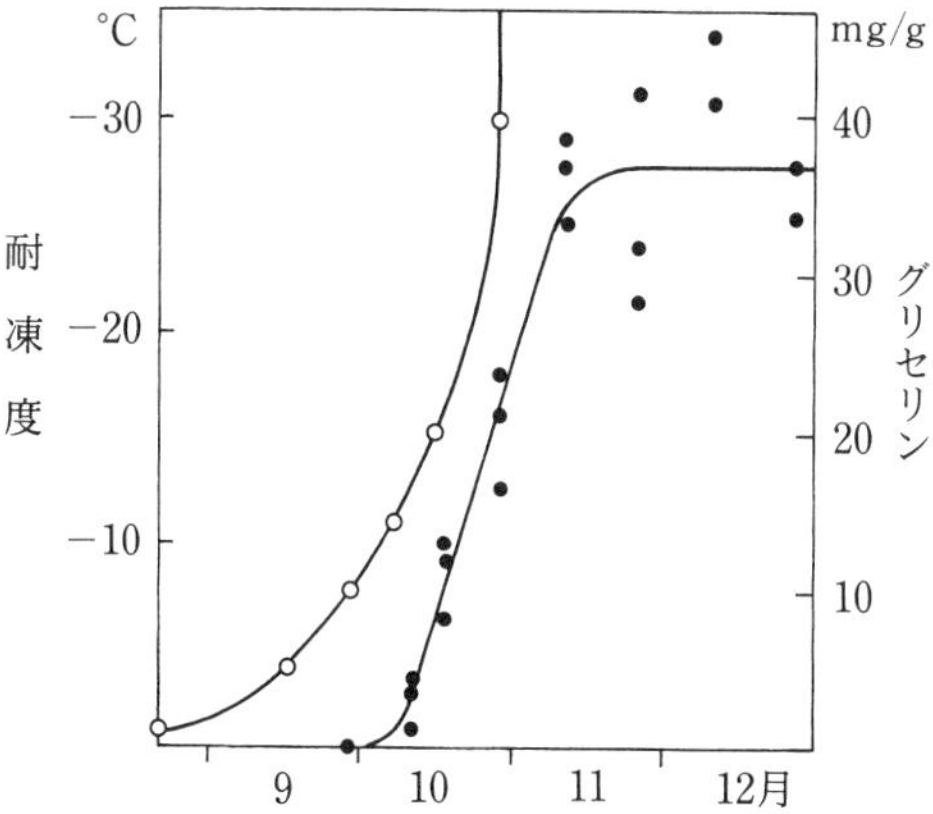

図16　イラガ前蛹の秋期のグリセリン量(●)と耐凍性(○)の変化(朝比奈・竹原, 1964)

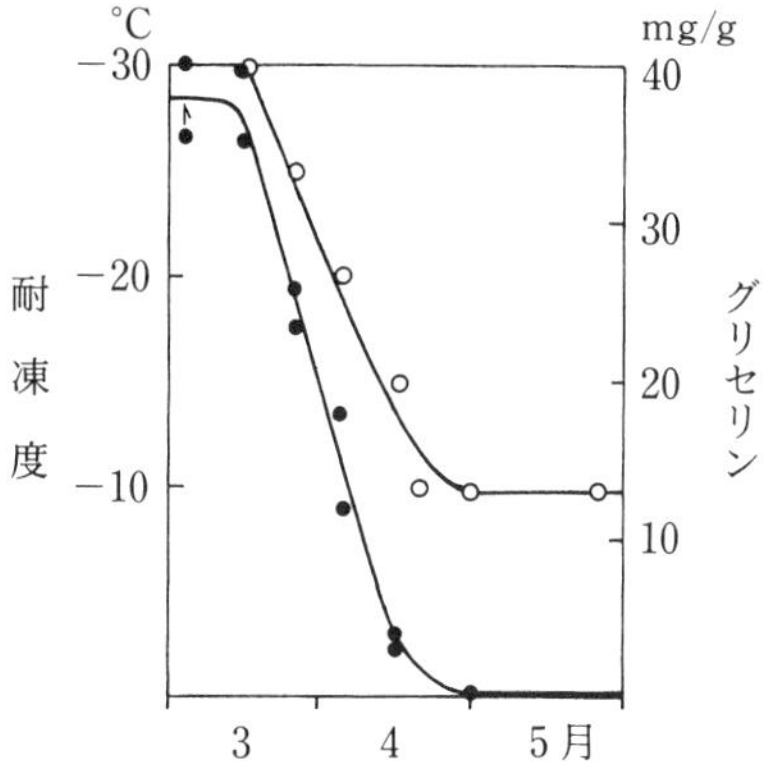

図17　イラガ前蛹の春期のグリセリン量(●)と耐凍性(○)の変化．矢印の時期以後は10℃の定温に保った材料による(朝比奈・竹原, 1964)

10℃の恒温箱に移した。*

＊　この温度ではグリセリンは一ヵ月あまりの間に急減するが、前蛹の変態の進行はきわめてのろく、五月末まではでは越冬中と同じ形態を保っている。

図17に明らかなように、グリセリンの減少に平行して耐凍度も下がるが、グリセリンが全く消失した五月になっても、10℃におかれた前蛹は少なくとも一ヵ月間は－10℃で一日の凍結に耐えることができる。したがって、イラガ前蛹では、グリセリン蓄積の有無にかかわらず、ある程度の耐凍性が保持されている時期があるように思われる。このことをさらに確かめるために、多数の前蛹を秋に繭に入って間もなく20℃の恒温箱に入れ、二〇〜三〇日ごとに取り出してその耐凍度を調べた。この温度では、前蛹の休眠は数ヵ月以上も続くが、第8章で述べたようにその体内にはグリセリンがほとんど蓄積されない。*

＊　一九六〇年には前蛹のグリセリン蓄積量は、九月末からの五〇日間で0.1 mg/g前後であった。一九六三〜六四年の冬にも、20℃で六四年の二月までおいた前蛹で、グリセリン量が1 mg/gを超えたものはほとんどなかった。

この実験の結果、20℃におかれた前蛹でも、戸外の温度におかれた前蛹と同様に、一〇月から一一月にかけて耐凍度が向上し、一二月ころ最高（約－20℃）に達し、以後ゆっくりと下がるが、翌春少なくとも五月中は－10℃程度の凍結に一日間耐えられることが観察された。このようにグリセリンの蓄積がほとんどないと、前蛹の耐凍性は真冬になってもそれほど大きくはならないが、少なくとも－10℃までの凍結に耐えられる程度の能力は、休眠に入って間もなくイラガ前蛹にそなわり、これは翌春、蛹(さなぎ)への変態が進むまでは失われない。

このようなグリセリンの蓄積を伴わない前蛹の耐凍性は、グリセリンの代りになる何らかの凍害防御物質(以後は防御物質と略記)、または痕跡的なほど少ないグリセリン、の存在によるという考え方もあるが、虫の体の組織細胞に、ある構造的変化が起こり、その結果細胞の膜が水を通しやすくなったり、細胞自身が脱水や縮小した状態に抵抗できるといった、細胞外凍結に耐えられるための基本的な性質*が向上したと考えることもできる。

＊　植物では、秋から冬にかけて細胞の脱水に対する抵抗性が非常に高まり、細胞膜や細胞内の微細構造にはっきりした変化が認められることが知られている(2)。

このような基本的性質が用意された昆虫では、さらにグリセリンなどの防御物質が相当量存在すれば、細胞外凍結に伴う脱水の程度を緩和できるから、耐凍性が高まるに違いない。そこで、秋になってから約八〇日間20℃において、グリセリンこそできないが、ある程度の耐凍性のそなわったイラガ休眠前蛹を使って、この予想を確かめてみた。この前蛹に体重の五%のグリセリンを注射し、

20℃に四日間おいてから凍結実験を行ったところ、耐凍性が非常に高まっていて、液体窒素温度(約－196℃)でも凍死しないことがわかった。いっぽう本来耐凍性をもっていない防凍型のシンジュサンやアゲハチョウの越冬蛹に、同様にグリセリンを注射して耐凍性を調べたところ、－10℃の凍結に対しても全く無効であった。(3)

いままでグリセリンの作用ばかり述べてきたが、昆虫のもっている防御物質はけっしてグリセリンだけではない、われわれが調べた昆虫では、グリセリン以外のものはごくまれにしか見つからなかったが、このほかにソルビトール、エリスリトール、スレイトール、マンニトールなどいくつかの糖アルコールが耐寒性の高い越冬昆虫から発見されている。(4)

いっぽう昆虫の血液中にはかなりの量の糖類が含まれていて、その主要成分のひとつが二糖類のトレハロースである。丹野は札幌産のポプラハバチ前蛹が非常に多量のトレハロースをもつことを発見し、同時にこの昆虫には超低温にも耐えられる高い耐凍性があることを報告した。(5)このハバチは、その名のとおり幼虫のときはポプラの葉を食べているが、九月上旬ごろポプラの樹を下り、その近くにあるニワトコ、オオハンゴンソウ、アシなどの枯れた茎の中心に入りこみ、繭を作って前蛹に変態する(図18)。幼虫のときは全く凍結に耐えないが、前蛹になると－10℃で一日の凍結に耐えるようになる。面白いことにこの虫の過冷却点は前蛹期間中ほとんど一定で約－8.6℃という高い温度なので、積雪上に出ている枯れ草の中にいる虫は、しばしば凍るものと思われる。前蛹になってからの一ヵ月間に虫体に含まれる糖の量は急に増えて50 mg/gに達し、同時に耐凍度も−30℃と最高に近づく（図19）。翌年四月までの越冬期間は、糖含量も耐凍性も最高を保ち、−30℃で前蛹を予備凍結すれば液体窒素温度でも凍死しない。(6) 五月末から前蛹は蛹へと変態を始めるが、このとき体内の糖も急速に減少し、同時に耐凍性も全く失われる。右記の期間中に、虫体に

図 18　ポプラハバチ．上：葉を食べる幼虫，体長約 20 mm．下左：前蛹，下右：成虫，体長約 9 mm（丹野，1970）

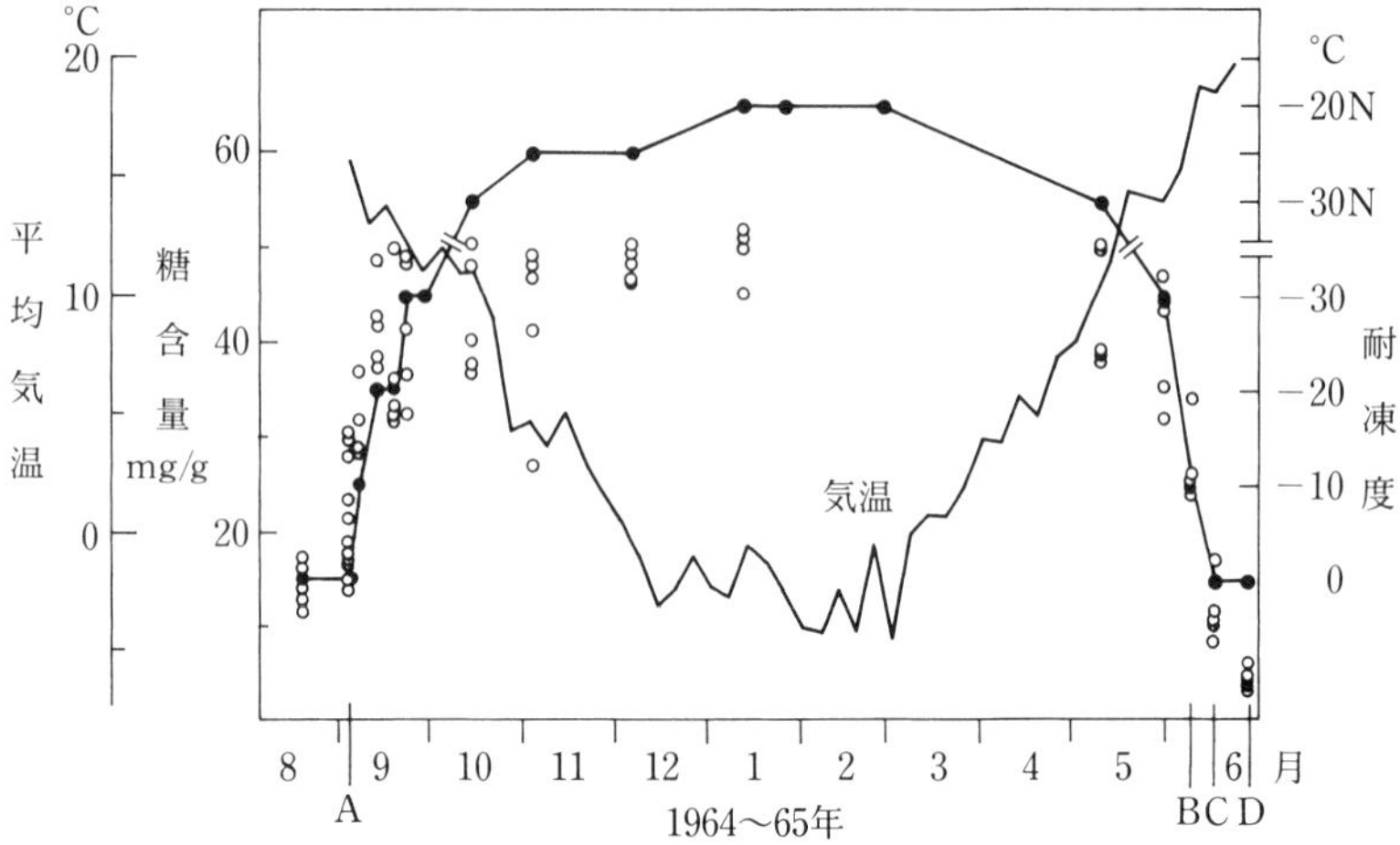

図 19　ポプラハバチ前蛹の耐凍性，糖含量と環境温度の季節的変化（丹野，1965 より一部変写）
●：耐凍度（60％以上の個体が 1 日生存できる最低の凍結温度）
−20N（−30N）：−20°C（−30°C）で予備凍結した後，液体窒素中で生存
○：糖含量
A：摂食終了終齢幼虫，B：外観が蛹の形に近くなった前蛹，C：蛹，D：成虫

含まれる糖のなかでトレハロースの占める割合を調べると、幼虫のときには全糖量の二〇％くらいであったのが、前蛹になると六〇％前後になり、耐凍性が最高となる一〇月中旬以後は九〇％を超える。この高い値は越冬期間中変わらず、翌年六月虫体の耐凍性が低下しはじめると同時にトレハロースの割合も下がっていく。このようなトレハロースの量と耐凍性の密接な平行関係からみて、この糖がポプラハバチ前蛹の体内で防御物質としての役割をになっているこ

とは、おそらく間違いないであろう。[6] またこのハバチが幼虫から前蛹に変態し休眠に入る直後から起こる急速な耐凍性の高まりは、環境温度がまだ十分に高い八月中～下旬でも、涼しくなった九月中旬でも、全く同じように起こるから、この虫の体内で起こるトレハロースの増量＝耐凍性の向上は、温度ではなく変態と休眠が主な引き金になっているように思われる。

図20　越冬中のツヤハナバチ．体長5 mm
（丹野，1964）

越冬昆虫のなかには多量の防御物質をもちながら、耐凍性を全く表さないものも少なくない。卵で冬を越すものにこの例が多い[7]が、これは卵の過冷却能力が大きいため、その凍結開始の温度が低いことが主因と思われる（第14章参照）。北海道では春一番に羽化してくる可憐なチョウ、アカマダラも、その蛹に四％におよぶグリセリンがあり、約－27℃まで冷却されるとはじめて凍るが、凍りさえすれば必ず死ぬ。

次にひとつの特殊な例として、体重の一五％におよぶ多量の糖をもつツヤハナバチ *Ceratina* 類（図20）について話そう。このハナバチは九月下旬ごろ、立ち枯れた丈の高い草の髄の中に入って成虫で越冬する。寄生バチなどと異なり、♂も♀も冬を越すことができる。越冬中このハチの体内には100〜150 mg/g の糖が含まれているが、全糖量のうち約六〇%がフラクトース(果糖)、約三七%がグルコース(ブドウ糖)であった。しかしこのハチには耐凍性が全くないので、どのくらいまで過冷却できるかという能力が越冬中の死命を制することになる。越冬期の過冷却点は−10℃前後から−30℃くらいまでの広い範囲にバラついているが、過冷却点が低いものは糖含量も多かった(8)。

その後このハナバチのうちのひとつキオビヒメハナバチ *C. flavipes* を材料にしてさらに研究が進められ、このハチのもっている糖のうちフラクトースとグルコースはすべて前部消化管の嗉のう(crop)中にあり、ほかの体組織の中(おそらく大部分は血液中)には三・四%前後のトレハロースが含まれることがわかった(9)。一般に嗉のうの中には虫の口から入った氷核形成物質(一四頁参照)が多いと思われるので、ここでは虫の体の中で最初に凍結が起こる可能性が高い。しかし非常に濃い糖の溶液がここにあれば、ここから凍りだすことは難しくなる。嗉のう以外の組織は、おそらく氷核形成物質が少ないために過冷却しやすく、また血液中のトレハロースも、過冷却能力を高めるのにある程度役立っているかもしれない。

グリセリンなどのもつ凍害防御作用の機構については、人の赤血球の凍結保存の研究者らによる塩害説がよく知られている(10)。それによると、凍害を起こす主役は、血液が凍るとき血球の内外にできる濃縮された塩溶液である。この塩溶液がある程度以上濃くなると、赤血球の膜の構造を傷めて、血球が収縮や吸水をした場合に、こわれやすくなるというのである。これを防ぐために、グリセリンのような小分子で細胞に害の少ない溶質を血液中に加えると、この液の束一的性質*が変わって氷点が下がるので、血液だけで凍った場合に比べると、同じ温度でもまだ凍っていない水が多くなる。このため血液中の塩分の濃度もその分だけ高まらずにすむことになる。

＊　物質の性質を表す量のうちで、そのモル数（グリセリンのような非電解質の場合は、溶液一リットル中に、その分子量に等しいグラム重量だけある場合が一モルである）が等しければ、その物質の化学成分の違いにかかわらず同じ値を表すもの、たとえば、溶液の浸透圧、氷点の降下などを束一的性質 Colligative property という。

昆虫の場合は、哺乳動物の血液ほど塩分が多くはないが、たしかに各種の塩類が血液中にあり、虫体が凍結すれば当然濃縮される。しかし昆虫では、本来耐凍性のないものに、グリセリンを注射しても耐凍性は表れない。またイラガの場合は、わずか15 mg／g*だけグリセリンの蓄積量が増えると、前蛹の耐凍度が10℃以上も向上する（図16）から、束一的性質の変化だけでは説明できない。

＊　越冬前蛹の含水量は約六〇％なので、15 mg/g のグリセリン濃度はほぼ〇・二七モルに当り、これは氷点を0.5℃下げるにすぎない。

おそらく越冬昆虫にできるグリセリンその他の防御物質は、体内の水溶液の束一的性質を変えるだけでなく、細胞を作っている原形質の構造や機能を保つのに必要な、原形質タンパクのまわりにある水分子の配列構造を安定させるのであろう。この結果、凍結されたとき一番害を受けやすい部分、たとえば細胞内の膜構造などが、脱水や収縮のために変性する危険が減るものと思われる。

12　超低温でも生存できる昆虫

生物の組織の小片をごくゆっくりと凍らせると、非常に低い温度まで冷却しても生きている細胞があることは古くから知られていた[1]。これはその細胞が細胞外凍結をしているので、ゆっくり冷却される過程で、細胞の外側の氷の成長のため、細胞からの脱水が十分に進み、さらに低い温度まで冷やされても、もはや凍る水がないためであろうと考えられた。細胞外凍結による害の主因を細胞からの脱水と考える限り（第5章参照）、かなり耐凍性の高い生物ならば、十分に細胞外凍結が進むと、それをさらに超低温まで冷却しても、もはや凍死する危険は少ないように思われる。実際に微小な線虫（長さ一ミリメートルあまり、直径〇・〇三ミリメートル）では、－30℃であらかじめ凍結しておいたものを－196℃まで冷却しても生存できることが知られていた[2]。この方法すなわち予備凍結法*は、北大の低温科学研究所において各種の生物に試みられ、酒井はクワ、ヤナギなどの樹木の小枝を材料として、一九五六年はじめて液体窒素中で凍結生存させることに成功した(3)。

＊ いわゆる二段または多段凍結法を含む。

昆虫でこの方法が適用できる材料として、やはりイラガ前蛹が選ばれた。越冬期の前蛹は－30℃ならば長期間の凍結に耐え、－40℃では一日凍結させても、約半数のものは融解後変態することができる。そこで－30℃で一時間以上あらかじめ凍らせておいた前蛹を、ただちに液体酸素中（約－183℃）に投入して、その後の生死を確かめてみた。この実験の結果(4)は予想どおりで、超低温で凍らせた前蛹のほとんどが生存していた。前蛹を予備凍結するときの温度は－30℃が最適で、－20℃では全く効果がなかった。液体酸素中においた時間は一時間でも一日でも七〇日でも生存率は変わらなかった。このような低い温度では、物理化学的な変化はほとんどないと考えられるので、さらに長期間凍結保存しても十分生きていることであろう。しかし超低温で凍らせた後の前蛹は、順調に蛹になり、また蛹の殻の中で成虫に変態するが、自力で殻を脱ぐことができなかった。このような

図21　液体酸素（－180°C）中で凍結させたイラガ前蛹より羽化した成虫

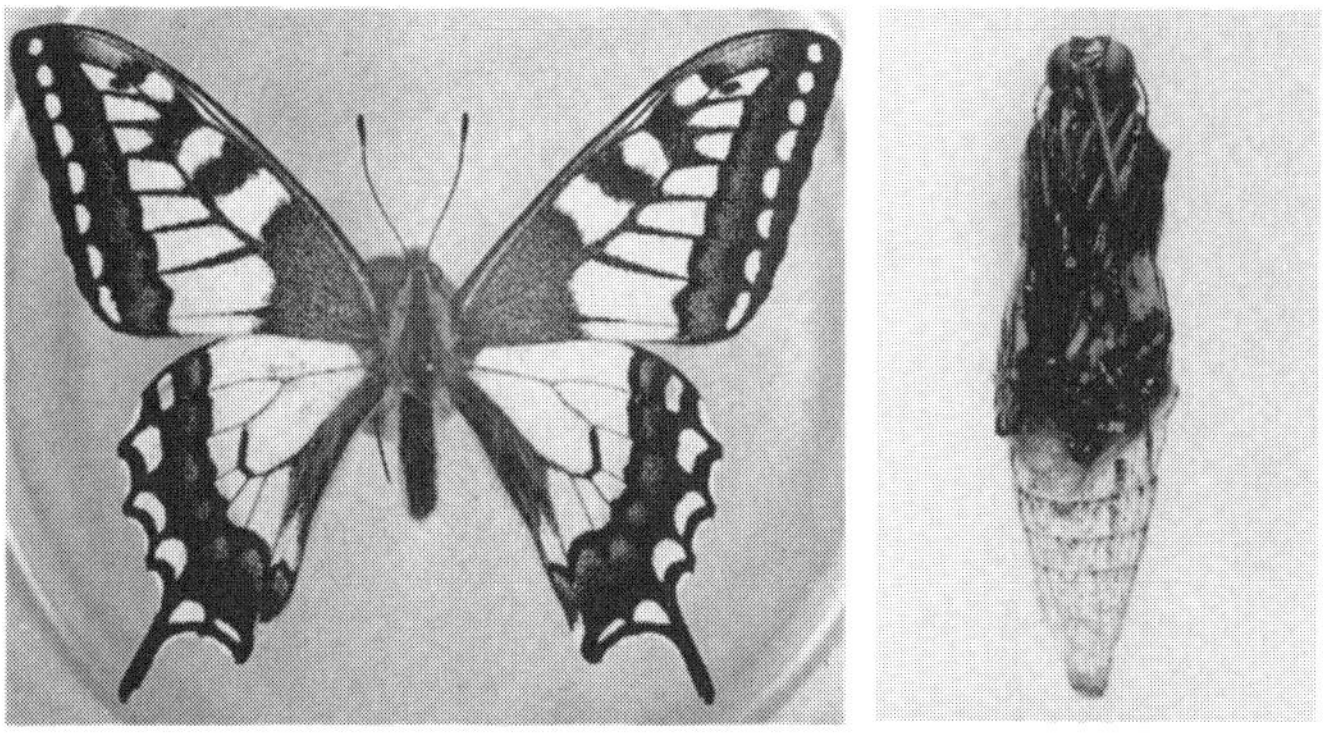

図22　凍結された越冬蛹より羽化したキアゲハ．左：－30°Cで凍結，右：－180°C(液体酸素中)で凍結

成虫を蛹の殻を開いて出してやったものを図21に示した。

液体酸素中でもイラガ前蛹が生存できるという事実は、それまでひとつひとつの細胞か、あるいはごく簡単な構造の生物でなければ、生きたまま超低温まで冷却することは難しいと思われていた時代でもあったので、昆虫のような複雑な構造をもった動物が、完全な一個体のまま－183°Cまで冷却されて、凍死しなかった最初の例として広く知られることになった(5)。

イラガ前蛹で成功した予備凍結法は他の昆虫でも、もしそれが－30°Cでのしばらくの凍結に耐えられるものであるならば、超低温で凍結生存させるために十分役立つであろうと思われた。そこでこの条件をみたす材料として、キアゲハと北米産のセクロピア蚕の蛹を選んだ。これら二種類の蛹は双方とも越冬期には生体重のほぼ二%またはそれ以上のグリセリンをもち、－30°Cの凍結には十分耐えられるからである。

まずキアゲハでは、－30℃の予備凍結一時間―液体酸素温度二日間―室温で融解、の実験処理をしたところ大部分の蛹が生きていて温めると変態を始めた。しかしいずれも体の前半部のみがチョウの姿となり、後半部(腹部第三または四節以後)は外観も内部構造も蛹のときのままであった(図22)。この、蛹の形をしたキアゲハの後半部は、成虫に変態できた前半部が死んでしまった後も、ほぼ一〇日間は活発に背脈管(心臓)を脈動させて生きていた。

次にセクロピア蚕であるが、この巨大なヤママユは、形も生態もわが国のシンジュサンに似てさらに大きく、蛹の重量は七グラムを超えるものもある。毎年九月中に繭(まゆ)に入り、カエデなどの枝に吊り下がって越冬する。繭に入って間もなく蛹に変態して休眠に入るが、25℃という高温においても、長期にわたってゆっくりとグリセリンを蓄積する。[6]

一九六五年一〇月に、当時米国のイェール大学にいた、越冬昆虫

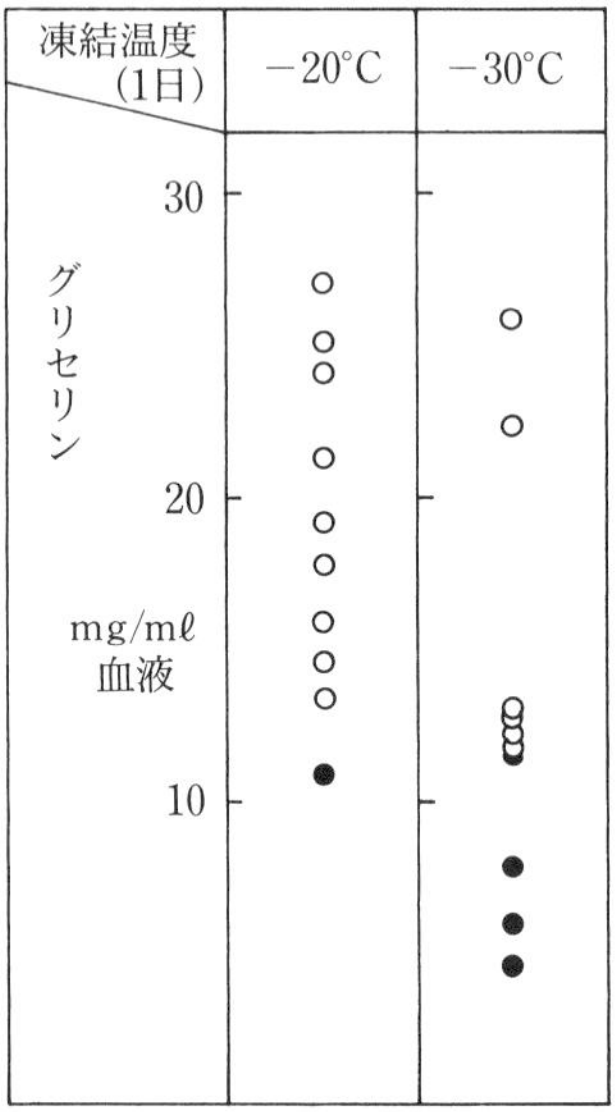

図23　セクロピア蚕蛹のグリセリン含量と耐凍性(朝比奈・丹野, 1966). ○：生存, ●：凍死

のグリセリンの発見者の一人であるWyatt教授より繭に入った多数のセクロピア蚕の休眠蛹を送ってもらい、いくつかの実験[7]を行った。これらの蛹は涼しいところにおくと休眠がさめてしまう心配があるので、実験直前まで25℃の恒温箱に保存した。まず蛹のグリセリン蓄積量と耐凍性の関係を調べた(図23)。グリセリン量が血液一ミリリットル当り約一二ミリグラム(生体重当り約8.4 mg/g)を超えた蛹は過冷却点は−20℃前後であるが、すべて−30℃一日の凍結に耐え、融解後正常に変態して大きなガが生まれた[7](図24)。このセクロピア蚕休眠蛹はゆっくり冷却すれば−70℃での凍結に耐えられるものがあるが、液体窒素温度(約−196℃)まで冷却すると−30℃で予備凍結した場合でも、すべて凍死していた。凍死した蛹を調べてみると、体に

図24 セクロピア蚕．凍結させた蛹から羽化した成虫，翅の開張 12 cm
凍結温度　上：−70℃，下：−30℃

図25　セクロピア蚕．左：蛹，右：－196°C（液体窒素中）で凍結させた蛹から羽化した成虫（朝比奈・丹野，1966）

ひび割れのできたものがしばしばあった。これは－30°Cから－196°Cまでの冷却が非常に急速になりやすいので、セクロピア蚕の巨大な蛹では、おそらく体組織の収縮が一様にいかないために、できたのではないかと思われた。そこでもはや数少なくなった残余の蛹を使って、冷却および加温の速さを小さくするために三段凍結と二段融解を併用してみた。[7] その方法は、あらかじめ体重の三％に当る量のグリセリンを蛹に注射しておき、－30°Cで二〇時間予備凍結したものを、－70°Cでさらに三時間おいた。次に液体窒素を半ばみたした容器の中にこの蛹を吊し、三〇分以上おいてから液体窒素中にゆっくり沈めた。蛹の温度がすでに十分下がっていたことは、このときの液体窒素の沸騰がごくわずかであったことからもわかった。

蛹を液体窒素中に二時間おいてから－30℃の空気中に移し、その二時間後に室温で融解させた。この方法によって、使用した六個の蛹のうち二個が生きていて、10℃に二ヵ月おいて休眠を終わらせると、成虫への変態を始めた。さらに二五日たって成虫の体の色が蛹の皮を通して見えるようになったが、自力では羽化できなかったので、蛹の皮を取り除いて生まれさせた（図25）。このようなわけで、いささか不完全ではあるが、ともかくもこのセクロピア蚕は、いままでに完全な一個体のままで超低温での凍結に耐えることのできた動物のなかでは最大のものである。

以上の実験は、これらの昆虫が超低温で凍結されても生存できることだけは証明したが、融解後に表れる凍害を防ぐためには全く不十分な結果であった。こうなった原因のひとつは、その体が成虫に変態する時期も近い前蛹や蛹を材料に使ったことにあるのかもしれない。もし蛹よりもはるかに若い時期の幼虫を使えば、凍結中に同じような害を受けたとしても、融解後に幼虫がさらに餌を食べて栄養をとり、脱皮を重ねて成長変態していく間に、正常な成虫の体を作るに足る十分な物質の補給をする時間的余裕があるのではないだろうか。

こんな予想から次の実験にはエゾシロチョウの幼虫を選んだ。この幼虫はまだ小さい三齢のときに越冬するが、五％を超える多量のグリセリンを体内に蓄え、－30℃での凍結に十分耐えることができる。そのうえ、越冬期の幼虫は体長二ミリメートル、体重二ミリグラムときわめて小さいので、

図 26　エゾシロチョウ．凍結融解された越冬幼虫（3 齢）が成長したもの（朝比奈・大山・高橋，1972）
凍結温度　左：−30°C，右：−196°C

急速に冷却されても、体の各部分の冷える速さがあまり違わず、収縮によって物理的に体の構造がこわれる心配も少ないであろう。

多数のエゾシロチョウ越冬幼虫を一〇個体ずつガーゼにくるみ、金網で作った小さい容器に入れ、この容器ごと冷却や加温を行った。方法は、−30°C凍結（一時間）—液体窒素温度（一時間）——30°C（一時間）—室温で、融解後は食草を与えて成長を観察した。融解直後には使った幼虫のほとんどが生きていたが、そのうちの半数以上が正常に変態して完全な成虫になった（図26）。しかしこのときでさえ少なからぬ幼虫が障害を受けていて、脱皮が不完全なため蛹化または羽化できないものが多かった[8]。

このような凍結による変態障害のしくみにひ

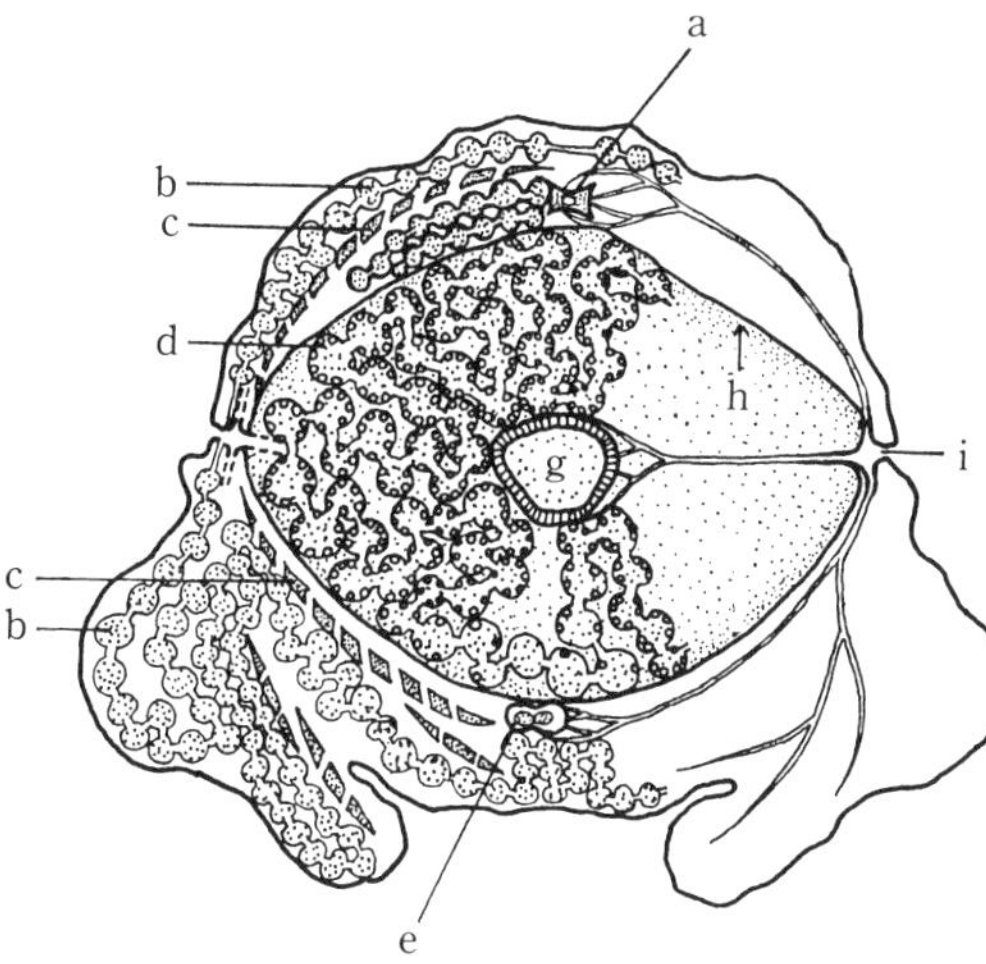

図 27　ポプラハバチ前蛹．胴体の横断面模式図(丹野，1965 より一部変写)
a：背脈管，b：体壁層脂肪細胞，c：筋肉組織，d：内臓層脂肪細胞，e：腹部神経節，g：消化管，h：背隔膜，i：気門

とつの明瞭な解釈を与えたのは、丹野のポプラハバチの研究である。多くの昆虫に見られるように、ポプラハバチ前蛹の脂肪体も二種類の脂肪細胞をもち(図27)、そのひとつ体壁層脂肪細胞は蛹化するときの栄養源として主に消費され、他のひとつ内臓層脂肪細胞は蛹から成虫が作られるときに主に消費される[9]。内臓層脂肪細胞はとくに大型なので細胞内凍結を起こしやすく、また細胞外凍結をしている場合でもまわりの氷粒の圧力による害を受けやすいと考えられる。内臓層脂肪細胞のうち一七％のものが細胞内凍結を起こした前蛹は、成虫まで変態した場合でも、その約半数は脱皮できなかった[10]。す

なわち凍害を受けやすい特定の細胞に与えられた障害が、変態を不可能にさせているのである。この事実を明らかにした丹野は、虫体の凍結中に内臓層脂肪細胞が氷粒によって受けるひずみを減らすような特別な予備凍結法を考案し、液体窒素中での凍結後、ポプラハバチ前蛹を完全に羽化させることに成功した。[11]*

＊　キアゲハ蛹でも、予備凍結をさせるとき初期の冷却速度を十分のろくしてやると、超低温で凍結し融解した後に表れる変態障害を防止できることが最近明らかにされた(丹野、未発表)。

13 エゾシロチョウ幼虫を材料として

私が北大の低温科学研究所においていろいろな動植物の研究を続けることのできた三十数年間の最後に、かなり長期にわたって使ったのがエゾシロチョウである。このチョウは、私の自宅の庭のボケの木に、もう二〇年あまりにわたってすみついているので、材料としては、いつも十分に手に入れることができた。いっぽうイラガのほうは、それを実験に使いはじめたいまから三〇年も前のころには、北大構内や街路樹のカエデから、毎年一〇〇〇個くらいの繭(まゆ)を採取できたのに、その後非常に減って一〇年くらい前には一〇個集めるのも容易ではなくなった*。イラガは北海道では街路樹につく場合が多いこと、寄生虫による被害が少ないこと(本州では青蜂(せいぼう)などのハチに寄生された前蛹(ぜんよう)が多いが、北海道ではまれに寄生バエがつく)などからみて、近年の減少は車の排気ガスなどの公害も原因のひとつかもしれない。

エゾシロチョウ *Aporia crataegi adherbal* Fruhstorfer は、ヨーロッパからアジア大陸の北部に広くすんでいて、日本での産地は北海道だけである。成虫は、札幌では六月アカシヤの咲くころに現れ、真っ白な翅(はね)は翅脈(しみゃく)だけが黒いので、英名は Black-veined White と呼ばれている(図28)。モンシロチョウなどに比べると、ひとまわり大型で、悠揚せまらぬその飛び方から容易に見分けられる。

図28　エゾシロチョウ ♂.
翅の開張 60～70 mm

幼虫は七月半ばに生まれるが、二日後脱皮して二齢*となり、多数が共同で食樹(リンゴ、ナシ、ボケ、ズミ、スモモなど)の葉を巻いて、一ヵ月以上かかって越冬巣を構築する。巣を作っている間に幼虫はもう一度脱皮して三齢のステージで越冬する。越冬巣の外形がほぼ完成するのは毎年八月の上~中旬で、それまで、葉を食べながら仕事を続けていた幼虫は、今度は食べるのを止めて巣の中に入り、もっぱら内部の改造に従事する。はじめは粗末なつくりで大部屋も多かった巣の中には、絹糸で作った長さ四ミリ

* ごく最近かなり増えたとの情報もある。

メートルぐらいの袋状の小部屋がたくさんできあがり、それぞれの室に一、二個ずつの幼虫がすむことになる(図29)。巣に入って間もなく、まだ盛夏の八月から幼虫は休眠に入るが、だまって眠っているのではなく、巣の改造などをするためけっこう働いている。休眠期以前には約七ミリメートルあった体長もその半分くらいにちぢみ、暗褐色だった幼虫の体が赤味がかって、背面に三本の条斑がはっきり表れる。このような越冬幼虫を使って耐寒性やグリセリン蓄積量を調べると、イラガの場合に劣らぬ面白い事実がいろいろわかってきた。この実験の結果は図30にまとめて示した。

＊　この幼虫の各齢の期間は、一齢が二〜三日、二齢が一四〜一六日、三齢が九ヵ月くらい、四齢が約九日、五齢が約一四日である。

この図からわかるように、エゾシロチョウ休眠幼虫の体内では、グリセリンは一〇月から一一月にかけて急に増加し、一番多くなる一二月には体重の五%を超えるが、翌年二月末まではこのまま変わらず、三月中に急に減って四月には早くも消失してしまう。この変動のしかたは、イラガのそれとかなり似ているが、グリセリンが最高値を保つ期間がイラガより短く、厳冬期に限られる。これはおそらくエゾシロチョウでは、グリセリン生成と消失の代謝が行われるための最適温度が、イラガのそれよりも低いところにあるからであろう。

エゾシロチョウ幼虫の特性のひとつは、越冬期における過冷却点の変動がきわめて少ないことで

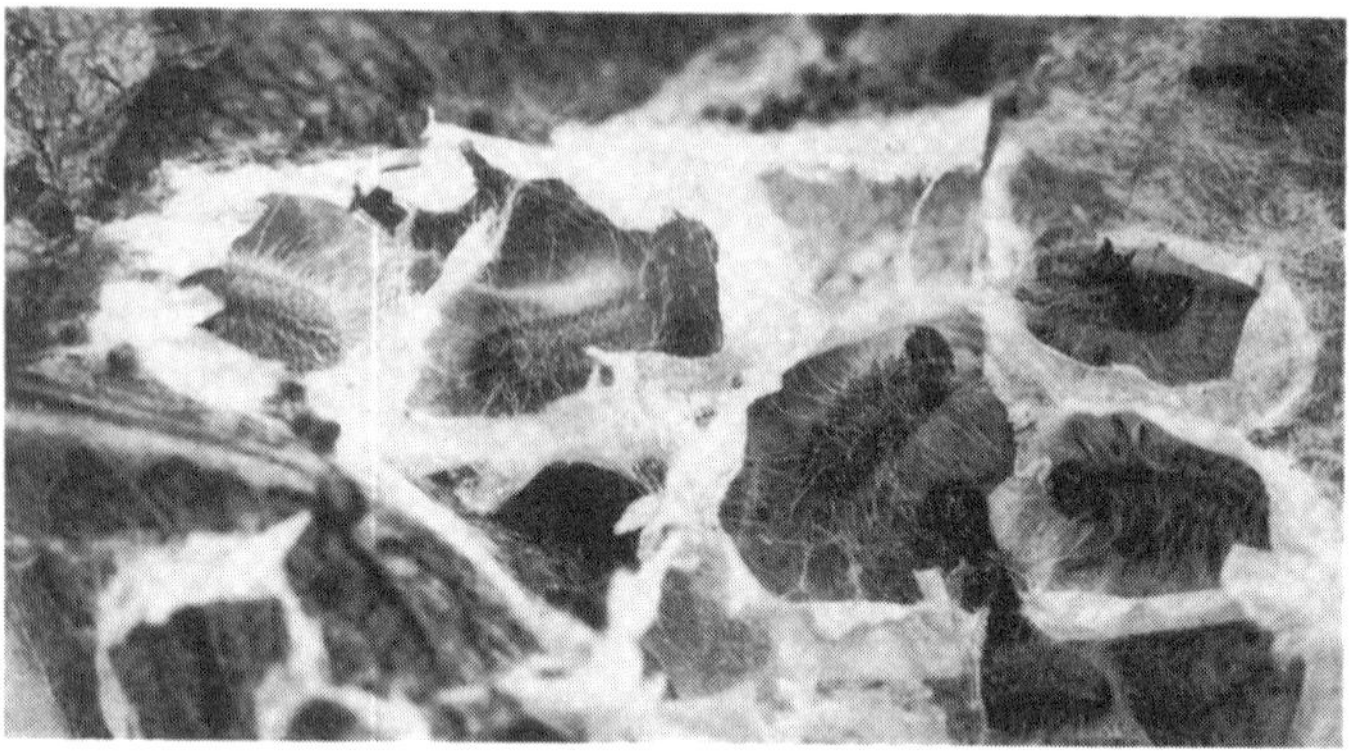

図 29　エゾシロチョウ 3 齢幼虫．上：真冬の越冬巣の内部，
下：早春越冬巣の表面に出て日光浴をする幼虫

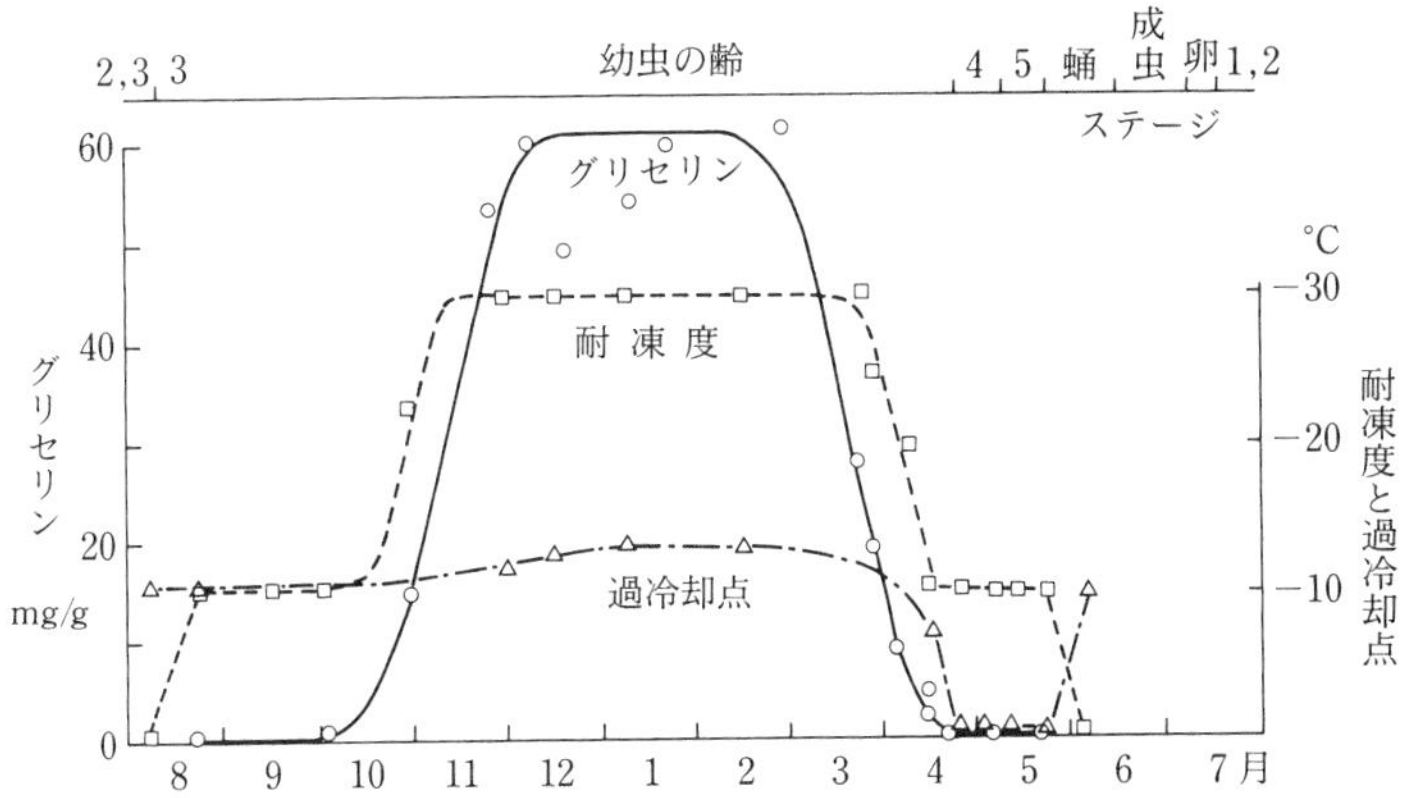

図 30　エゾシロチョウ幼虫の性質の季節的変化．耐凍度の測定は−30°C以高でのみ行った

ある。越冬期を終わって四月から五月にかけての、盛んに葉を食べて成長している四齢および五齢の時期を除けば、グリセンリン量が生体重の五％を超す厳冬期においても、幼虫の過冷却点はほとんど−10℃付近に保たれている。このようなかなりの量のグリセリンをもちながら過冷却能力が小さい例は、耐凍性の明らかな昆虫に、しばしば認められていたが、これに対する明らかな説明は、後に述べるように、ごく最近になるまで与えられなかった。

次にエゾシロチョウ幼虫の耐凍性の変動をみると、卵から生まれてあまり日のたっていない、二、三齢の幼虫では、葉を食べている時期にはほとんど凍結に耐えない。しかし同じ三齢の幼虫でも、越冬巣に入って休眠を始めると、まだ八月の暑い

図31　初夏のエゾシロチョウ幼虫．中央の2匹が5齢，他は4齢

最中に、すでに－10℃で一日の凍結に完全に耐えられるようになる。この程度の耐凍性は、幼虫の体内にグリセリンの蓄積が始まる一〇月より以前にすでにそなわっているが、グリセリンが増えはじめると耐凍性は急に高まり、一二月から翌年二月末ごろまではつねに－30℃の凍結に耐えられる。この期間にはさらに低い超低温での凍結にも耐えられることは、すでに前章で述べたとおりである。春になるとグリセリンの減少に平行して幼虫の耐凍性は低下していくが、グリセリンが全く消失した四月末以後も、－10℃くらいの凍結

図32　成長期の幼虫を－10°Cで1日凍結，融解後，蛹となり，それから羽化したエゾシロチョウ．左：4齢幼虫のとき凍結，上-♂，下-♀，中：5齢幼虫のとき凍結，♂，右：3齢幼虫のとき凍結，上-♂，下-♀

には十分耐えることができる。

越冬を終わった三齢幼虫は、盛んにボケの葉を食べて肥え太り、さらに脱皮を重ねて四齢から五齢となり、五月末にはすでに蛹(さなぎ)に変態する。この成長の最盛期にある四齢と五齢の幼虫(図31)の耐寒性を調べたところ、過冷却能力は全くないが－10°Cで一日の凍結には十分耐えられることがわかった(図32)。この事実は、昆虫の耐凍性は、おそらく休眠と結びついた生理的性質で、高山や極地にすむ昆虫を除いては、その虫の成長や変態が休止する時期だけに認められるという従来の考え方をくつがえしたものであった。五齢幼虫は十分成熟すると小枝に糸を張って前蛹となり、間もなく脱皮

図33　エゾシロチョウ．左：前蛹，右：蛹

して美しい蛹（図33）に変わるが、この前蛹でさえ、少なくとも−5℃で一日の凍結では、その後の変態に障害を受けなかった。五齢幼虫の血液中には約16 mg/gのトレハロースが見出されたが、他の昆虫の夏季のトレハロース量に比べてとくに多量でもないので、これがこの幼虫の耐凍性とどの程度のかかわりがあるかは、今後明らかにされるべき問題である。

　幼虫が蛹になると、もはや耐凍性は失われるが、−10℃で一日冷却されても過冷却状態のままで凍ることはなかった。このチョウのすむ北海道では、五月になっても朝の気温が、寒い年には−2〜−5℃くらいまで下がることがあり、晩霜(おそじも)のおそれがある。そのような悪い気象条件に会っても、この幼虫や蛹が凍死しないことは、前述の実験の結果からみて間違いないであろう。

14　凍りにくい卵

これまでの話では、ほとんど幼虫と蛹（さなぎ）（または前蛹（ぜんよう））の耐寒性について述べてきた。これはそれらのステージの越冬昆虫が入手しやすいうえ、実験材料として手ごろな大きさで、凍結の実験に最も都合がよかったからである。しかし昆虫はいつもこの二つのステージで冬を迎えるわけではない。それどころか卵で越冬するものはごく普通で、またハエや甲虫や一部のチョウのように成虫で冬を越すものも、けっしてまれではない。

卵で冬を越す昆虫には、コオロギやバッタなどのように地下に産卵するものが少なくないが、このような場合は卵が凍るおそれはほとんどない。いっぽうチョウやガの類には、樹上に卵が産みつけられることが多く、真冬には相当冷却されることが予想される。しかしこれらの越冬卵には次のような、過冷却するのに都合のよい性質があるので、かなり温度が下がってもたやすくは凍りださ

図34 白樺の幹に産卵中のマイマイガ(写真：鈴木重孝)

ない。

(1) 体積が小さい

(2) 卵には草を食べる幼虫のように外部から氷核形成物質が与えられるおそれはない

(3) 堅固な防湿性の卵殻が外部からの植氷を防いでいる

(4) 蚕(かいこ)などのように、グリセリンなどの糖アルコールを蓄積しているものがある

おそらく卵の中には、本来からもっている氷核形成物質は少ないのであろう。

ここに広葉樹の害虫として世界的に有名なマイマイガの越冬卵を取り上げてみよう(図34)。このガの♂は茶褐色で翅(はね)を開くと五〇ミリメートルくらい、♀は灰褐色で同じく八〇ミリメートルくらいあり、♂は日中にクルクルと細かくまわるような飛び方をするのでこの名がある。三年ほど前に(一九八七年)、羊蹄山の山麓周辺でこの幼虫の大発生があり、このあたりの山野の樹木─サクラ、ナラ、シラカバ、ニレなどが、ほとんど丸裸になるほどひどく食害された。私はニセコアンヌプリの山麓から小樽へいく途中、樹木の幹ばかりでなく、電柱や人家の壁、レンガ造りの煙突にまで、まるでちぎった紙くずでも張りつけたように、この虫の卵の塊がいたるところに産みつけられているのに驚いた。農林業関係者でなくても、この卵がもしも寒さで凍死してくれたらと願う人は少なくなかったであろうが、以下述べるようにそれはとうてい望めない話のようである。このマイマイガの卵は、その産みつけられた場所からみて、冬中寒風にさらされていることになる。しかし、この卵の真冬の過冷却点は－28℃前後で、[*] この付近で越冬している多くの幼虫や蛹に比べると明らかに低い。札幌付近の近年の最低気温[**]は、ほとんど－24℃以下には下がらないので、この卵は全く凍らずに冬を越すに違いない。

＊　－27.7±0.76℃(N＝13)、一九七九年二月一一日、丹野晧三測定。

＊＊　札幌管区気象台観測の札幌市における日最低気温は、一九四五年一月一八日の－23.9℃。

図35に示したマイマイガの卵の凍結曲線の形を見ると、卵の凍結についていろいろな手がかりを

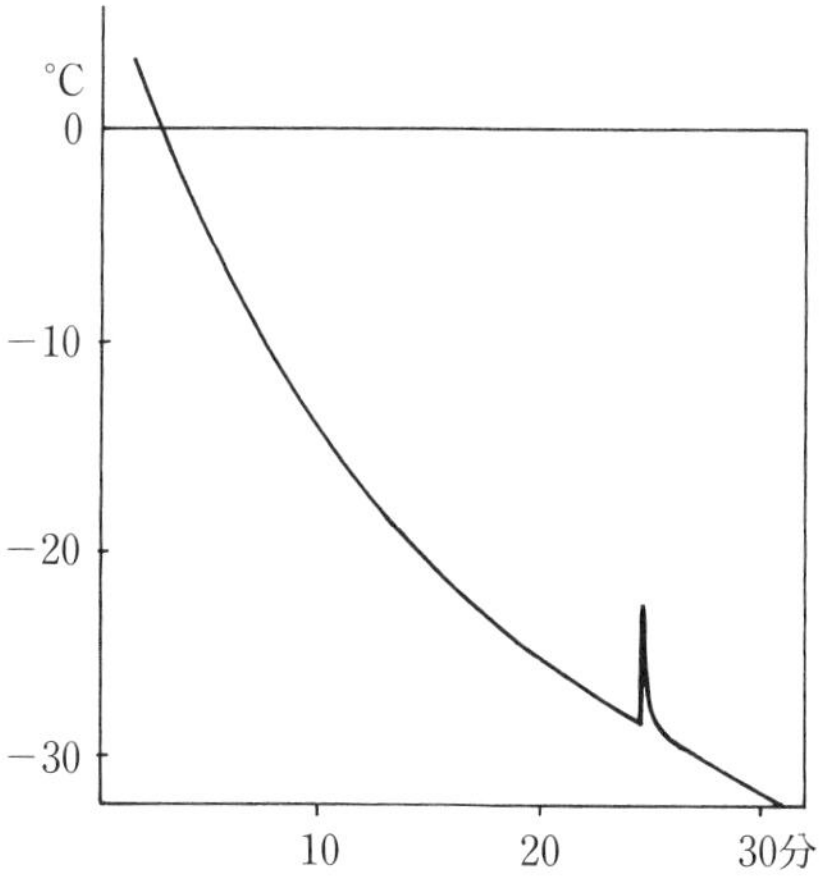

図35 マイマイガの卵の凍結曲線
（丹野皓三原図）

得ることができる。図12（二九頁）に示したアゲハチョウの蛹の凍結曲線との大きな違いは、いったん過冷却がやぶれて凍りはじめたとき、瞬間的にかなり温度が上がっても、その発熱はごく一時的で、卵はただちに急速に冷却されることである。これは、卵では幼虫や蛹のように大量の血液を内部にもっていないので、凍結に伴う潜熱の放出が少ないからである。このため卵の内部*の細胞は十分過冷却されたまま氷にふれることになり、細胞内凍結の起こるおそれはきわめて大きい。本来グリセリンのような物質の凍害に対する防御作用は、すでに述べたように、主として細胞外凍結による害を軽減するもので、細胞内凍結が起こってしまえばほとんど役に立たない。グリセリンとソルビトールをもっている蚕（かいこ）の越冬卵で、休眠中のいろいろなステージで耐凍性が調べられたが、いったん凍結が起こればつねに致命的な害を受けた(1)。

* この場合卵の中で越冬している昆虫は、ある程度発生の進んだ胚に成長している。

このほかの昆虫で、かなりの量のグリセリンをもっている卵の場合でも、凍結融解の後に生きていた例はいまだ知られていない。つまり卵で越冬する昆虫の生死は、その冬に自らの過冷却点以下まで冷却されるような寒い日が、あるかどうかにかかっているのである。

15　成虫で越冬しているチョウやハチ

冬の野外で昆虫の成虫に会うことは、とくに自然が一面に雪におおわれている札幌付近などでは、かなり珍しい。しかし注意してみると、チョウもトンボもハエもハチもいて、なかには冬にだけ親虫として生まれてきて、活動し、交尾し、産卵するものさえある。風の強くない晴れた日に、陽だまりにある垣根や軒下などを探すと、ハエやオツネントンボやクジャクチョウなどが日向ぼっこをしているし、老木のはがれかかった樹皮の下には、コメツキムシやハネカクシがおり、カメムシやテントウムシは人家の南側の壁などに集まって冬を過ごしている。朽ち木の中には、♀だけが冬に生き残っている寄生バチや、クワガタ、ゴミムシなどがもぐりこんでいる。これらの越冬成虫の大部分のものは非耐凍型(防凍型)で、ほとんどが－20℃くらいの温度までの過冷却能力があり、凍ることなく冬を過ごしている。また研究が進むにつれ、実際に体が凍っても死なない耐凍型の成虫も

図36　オツネントンボ．体長約35 mm（写真：田辺秀男）

それほど珍しくはないことがわかってきた。

　私は学生時代に山岳部に入っていたので、札幌付近の山小屋にはよく泊まったものだが、真冬でも日のあたる窓ぎわなどにハエを見つけることがしばしばあった。これらの山小屋は、高度六〇〇〜一〇〇〇メートルの山中にあるので、寒中は夜間の温度が室内でも－15℃くらいまでは下がることがあった。それで、ここにいるハエはおそらく防凍型なのだろうと思っていた。ずっと後になって、北米産のキンバエがグリセリンを蓄積するという研究報告を見たので、昔のことを思い出し、スキーをつけて久しぶりに同じ山小屋に行ってみたところ、幸いに大型のキンバエを見つけることができた。このハエはルリキンバエ *Protophormia terrae-novae* Robineau-Desvoidy という名で、欧米には広くすんでいるが、日本では北海道以外の地域ではごく少ない。

　このハエを使って凍結曲線をとってみたところ－13.5℃で虫体の過冷却がやぶれ、凍りはじめた。さらにゆっくりと冷却を続けて、体温が－14℃まで下がったところで冷却槽から取り出したが、こ

図37　左：アイヌアカコメツキ．体長約15 mm，朽ち木の皮の下で越冬している
右：マダラナガカメムシ．体長約12 mm，人家の南側の壁などに集まる

のとき虫の体はコチコチに凍っていて、指で押したりすれば脚がすぐ折れそうであった。これを4℃の箱に入れておき、翌日見ると弱ってはいるがさわるとゆっくり歩きだした。その翌日になると、このハエはもうすっかり元気を回復し、凍らせる前と同じように敏捷に歩きまわっていた。

ハチ類の成虫では、アリ類と一部のハナバチは♀♂とも越冬することが知られているが、他のハチは寒くなる時期に♂が死んで、♀だけが越冬するものがほとんどである。アシナガバチやスズメバチでは、この越冬する♀がすなわち女王バチである。

人を刺すハチとして悪名の高いスズメバチ類について、山根ら(1)は北海道や青森の冬の野外で越冬場所を観察した。それによると、ケブカスズメバ

図38 朽ち木の内部で越冬しているケブカスズメバチ．体長約26 mm

チ(図38)、キオビホオナガスズメバチなど数種のスズメバチが朽ち木中に発見され、そのうちあるものは自分自身で枯れ木をかじって作った穴の中にいたが、他の虫が掘った孔道などを利用しているものも多かった。キオビクロスズメバチは、青森県八甲田山中の枯れ木の樹皮下で積雪表面より一・五メートルも高いところに見つかっているので、おそらくかなりの寒さに耐えられるに違いない。われわれの観察では、ケブカスズメバチはかなりのグリセリンをもっているが、この類のハチに耐凍性があるかどうかはまだわかっていない。

グリーンランドの北端にまですんでいるマルハナバチの類も女王のみが越冬するが、彼女らは地表面のごみの下や、自分で掘った地下の穴の中(深さ約三〜一〇センチメートル、またはそれ以上)に入っている。−19℃におよぶ過冷却点をもつ種もあり、おそらく非耐凍型の昆虫であろう(2)。

寄生バチの類では、母バチが一〇月中〜下旬から朽ち木の中などで越冬する。自分で穴を掘るのではなく、木部の割目や、カミキリムシなどが作ったトンネルを利用している。私たちは二種類の

ヒメバチ *Pterocormus molitorius*[3]（図39）と *Chasmias* sp.[4]（図40）を使ってそれぞれ実験を行ったが、いずれも同じような耐寒性をもっていたので、ここでは後者について話そう。このハチは、北大植物園の雪の中に倒れている朽ち木の中からたくさん採集されたが、まだ和名がない種類である。図41にこのハチの諸性質の越冬期間中の変化を示したが、イラガやエゾシロチョウと、はっきり異なったところがある。すでに第10章で述べたように、このハチのグリセリン蓄積の最適温度はイラガの場合よりはるかに低く、−10℃の凍結状態でも大量のグリセリンを蓄積できる。自然の気象条件では、このハチのもつグリセリンの量は一一月下旬以後急増し、旬平均気温が−5℃前後である真冬には体重の一〇%にも達する。一二月にはグリコゲンがなくなるが、グリセリンはそれ以

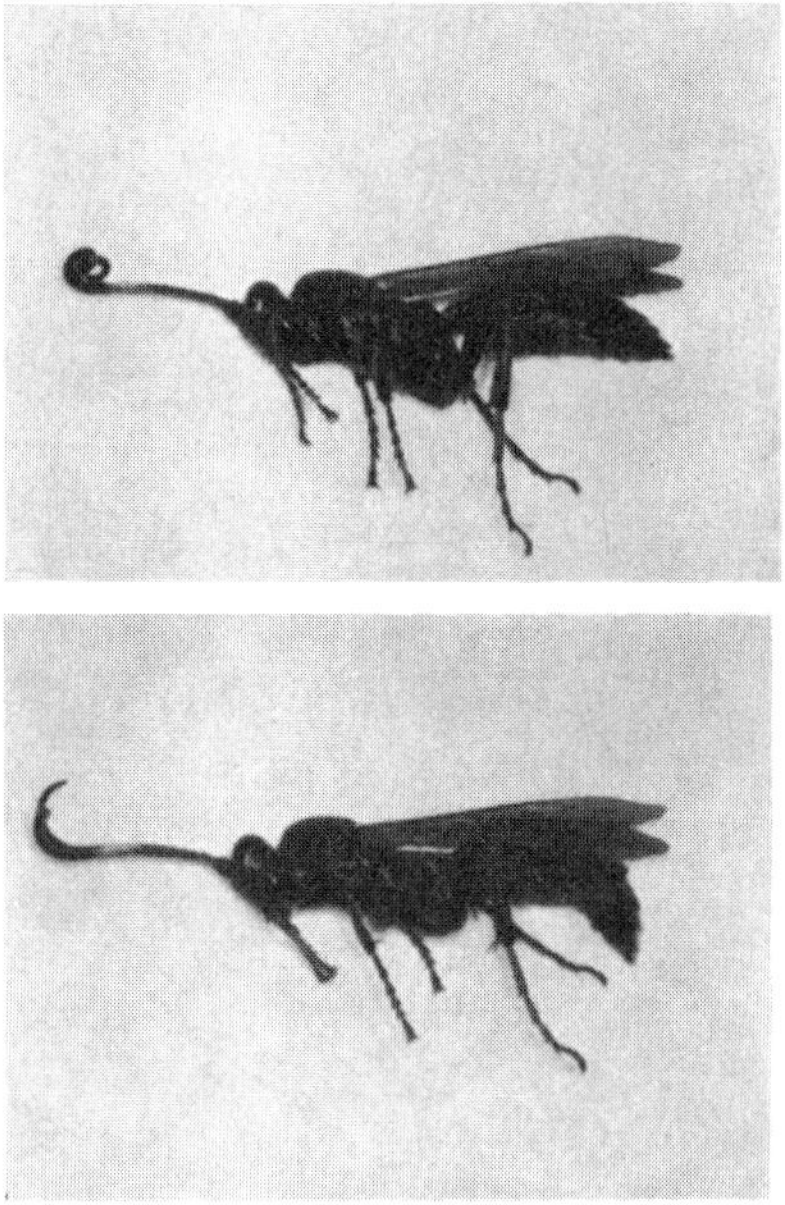

図39　ヒメバチ *Pterocormus molitorius* の越冬成虫（朝比奈・丹野，1968）．上：過冷却状態，下：凍結状態，体長約14 mm

図 40　朽ち木内の小孔で越冬しているヒメバチ *Chasmias*．体長約14 mm

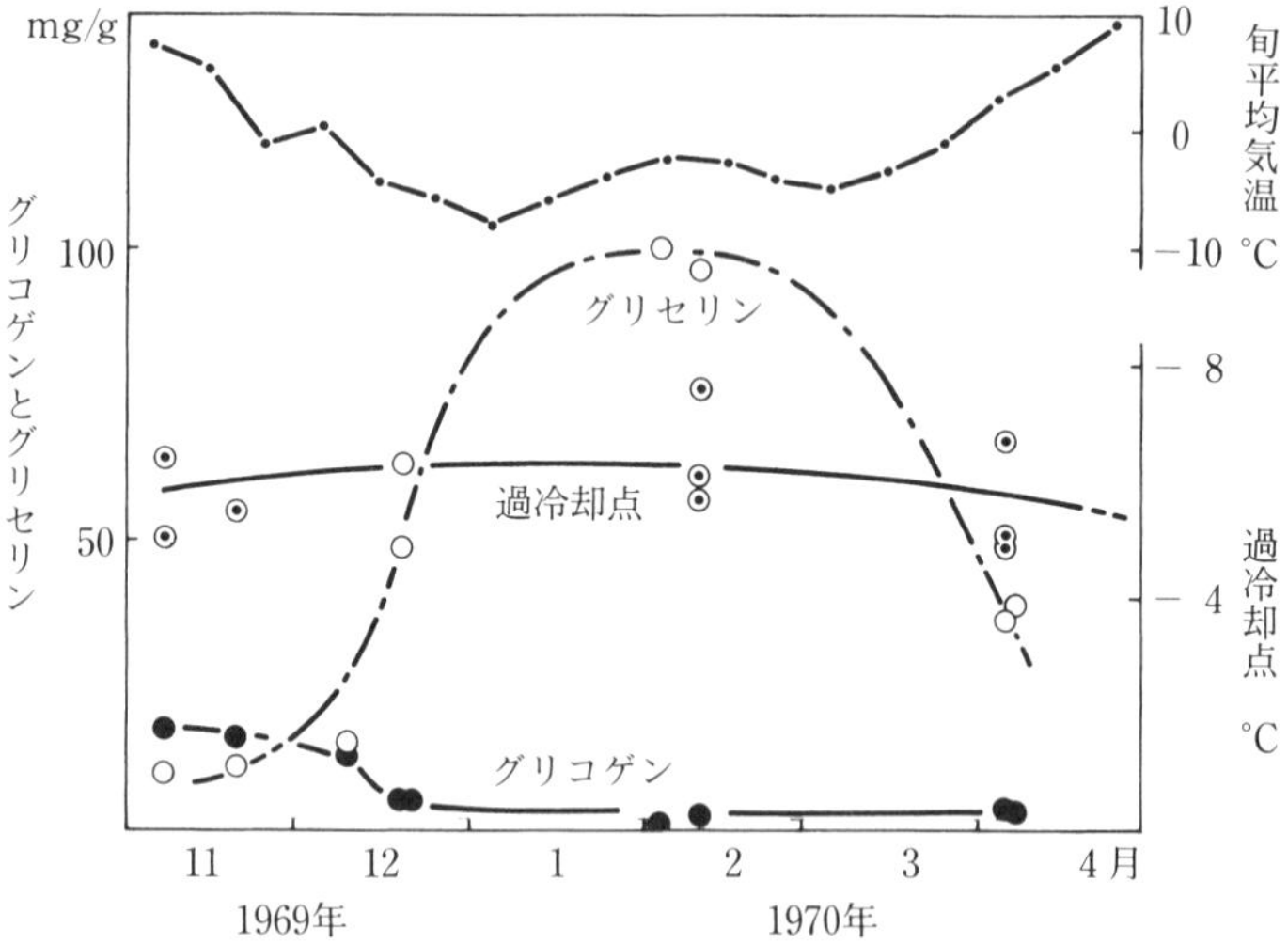

図 41　ヒメバチ *Chasmias* sp. の性質の越冬期間中の変化（Ohyama and Asahina，1972）

後も大幅に増加するので、あるいは脂質などがグリセリン生産の基質になっているのかもしれない。いったん蓄積された大量のグリセリンを維持するためにはかなりの低温度が必要らしく、四月初め、まだハチのすみかが雪の下(0℃)にあるときに、体内のグリセリン量は真冬のそれ(100 mg/g)の半分以下に減ってしまっていた。

イラガやエゾシロチョウでは、グリセリン蓄積量の増減に従って耐凍性が変動したが、このハチでは、さらに大量のグリセリンを蓄積するにもかかわらず、その耐凍度は越冬期間中ほとんど一定で－10℃前後であった。この程度の耐凍性は、一一月の初め、まだグリセリン量が厳冬期のそれの一〇%くらいのとき、すでにハチが獲得しているのである。この事実は耐凍性のある昆虫でも、グリセリンの増量が必ずしも耐凍性の向上に結びつくとは限らない場合のあることを示している。

このハチの過冷却点を調べると、一一月から翌年四月までの越冬期間中変化がごく少なく、最低値を表す真冬でも－6.4±0.5℃であった。このように過冷却能力は少ないが、このハチの冬のかくれ家である倒木は、毎年一二月中旬ごろから積雪におおわれるので、札幌付近では、おそらくハチの体が凍ることはほとんどないであろう。しかし北海道東部のように、もっと寒くて積雪も少ない地域では、このハチが凍った状態で越冬することは十分考えられる。

アリもハチ類のなかのひとつのグループであるが、その多くは地下に巣を作ることがよく知られ

図42 凍結した朽ち木の割目の中で越冬しているムネアカオオアリ　体長8～12 mm

ている。したがって寒くなっても体が凍るおそれはほとんどなく、女王のほか、働きアリも♂も蛹(さなぎ)も同じ巣の中で静かに冬を過ごしている。しかし一部のアリ類は、非常にユニークな様式の耐寒性をもっている。ここでは切り株のような太い朽ち木の中で冬を越しているムネアカオオアリ(図42)について話そう。

このアリは女王と♂アリのほかに、働きアリの大集団が朽ち木の中の穴や隙間に入っているが、実験材料に使ったのはこの働きアリである。最初このアリの耐寒性を調べたとき、－10℃に冷やしたアリに、ぬらした紙片を張りつけて植氷すると、虫体が硬く凍結し、融かしてももはや正常に回復しなかったので、普通の非耐凍型昆虫であると思っていた。(5) ところが後に詳しく調べてみると、

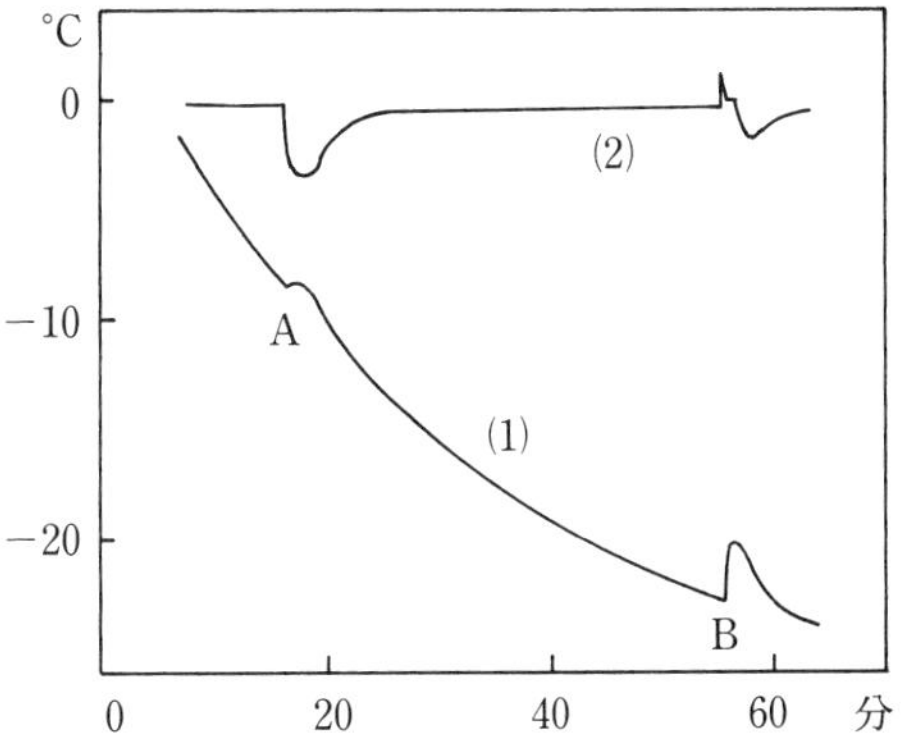

図 43　ムネアカオオアリ(働きアリ)の凍結曲線(1)とDTA曲線(2)(大山・朝比奈，1969)．A：第1過冷却点，B：第2過冷却点．曲線(2)で下側へのふれは腹部の凍結が，上側へのふれは胸部の凍結が多いことを示す

このアリの凍結は二段に分かれて起こることが判明した。

いま凍結曲線を使ってこれを説明しよう(図43)。1℃/minくらいの速さで虫を冷却していくと、まず約−8.5℃の温度で体内に氷のできたことを示す小さい山が曲線上に表れる。このまま続けて冷却すると−10〜−25℃くらいまでの広い温度範囲で、さらにもうひとつの山が表れる。この最初の山を第一過冷却点、二度目の山を第二過冷却点と呼ぼう。第一過冷却点が表れた後も虫の体は軟らかく、もしここで虫を温めれば、アリは完全に活動性を回復する。しかし第二過冷却点が表れるまで冷却された虫は、体が全く石のように硬く凍結し、すぐに融かしても死んでしまう。示差熱分析* Differential thermal analysis(DTA)や、凍結

切片法を利用して、このアリの凍結過程を詳しく調べた結果、次のような面白い説明ができることになった。(6)

＊ 凍結曲線をとる場合と似た方法で、虫体の二ヵ所に熱電対の両端の感温部をあてて記録すると、この二ヵ所がそれぞれ凍るときに発生する熱量の差が、曲線上に上下のフレとして表れる。この方法を示差熱分析という(図43参照)。

虫体の温度が次第に下がって第一過冷却点に達したとき、前部消化管の一部、おそらく嗉のうCropの内部で凍結が始まり、ほとんど同時に食道も含めて、嗉のうより前方にある消化管の内容物全体が凍る。しかしこの部分の消化管の内壁は水も通さないクチクラ層でおおわれ、また嗉のうの末端は固く閉められているので、氷ができるのはここだけに限られ、他の内臓諸器官はもとより、嗉のうに続いている中腸(胃)以後の消化管内(図44)にも凍結は広がることはない。したがって、この時点では、虫体のほとんどは過冷却状態のままで全く凍害を受けていない。さらに低温まで虫体を冷却して、第二過冷却点の温度に達すると、はじめて嗉のう以外の場所にも凍結が始まり、全組織に氷ができるので、虫体は石のように硬くなるのである。すでに第10章で述べたように、このアリは約三・五％におよぶグリセリンを蓄積できるが非耐凍型であって、第二過冷却点まで冷却されてから凍結した場合には、つねに致命的であった。初期の実験(5)で、ぬらした紙片で植氷した場合、

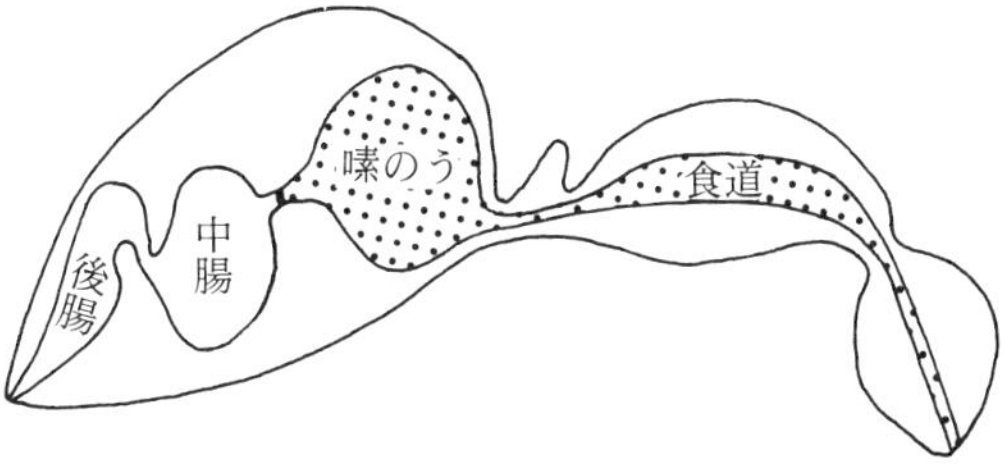

図 44　ムネアカオオアリ縦断面略図．消化管を示す（大山佳邦原図）

－10℃でもアリが凍死したわけは、このようなやり方の植氷は、体の表皮組織の隙間から氷を植えこむことになるので、第二過冷却点で起こるような全組織の凍結が、はじめから起こってしまったのであろう。しかしこのアリが－10℃より低い温度の場所でも越冬できる事実は、野外ではこのような植氷が非常に起こりにくいことを暗示している。

ここでミツバチの越冬について簡単にふれておこう。よく知られているように、ミツバチは高度に発達した社会生活を営み、巣箱の中で組織化された集団として越冬する。その耐寒戦略は、発熱による防寒という人間社会のやり方によく似たきわめてユニークなものである。したがって私たちの扱ってきた越冬昆虫個体の生理的な耐寒性とは問題の性質が異なる現象であり、またミツバチの生態を平易に解説した良書も多いので[7]、ここでは彼らの防寒法について要点だけを引用して述べることにする。

冬が近づき外気温が18℃以下に下がるとミツバチは何千匹も密集

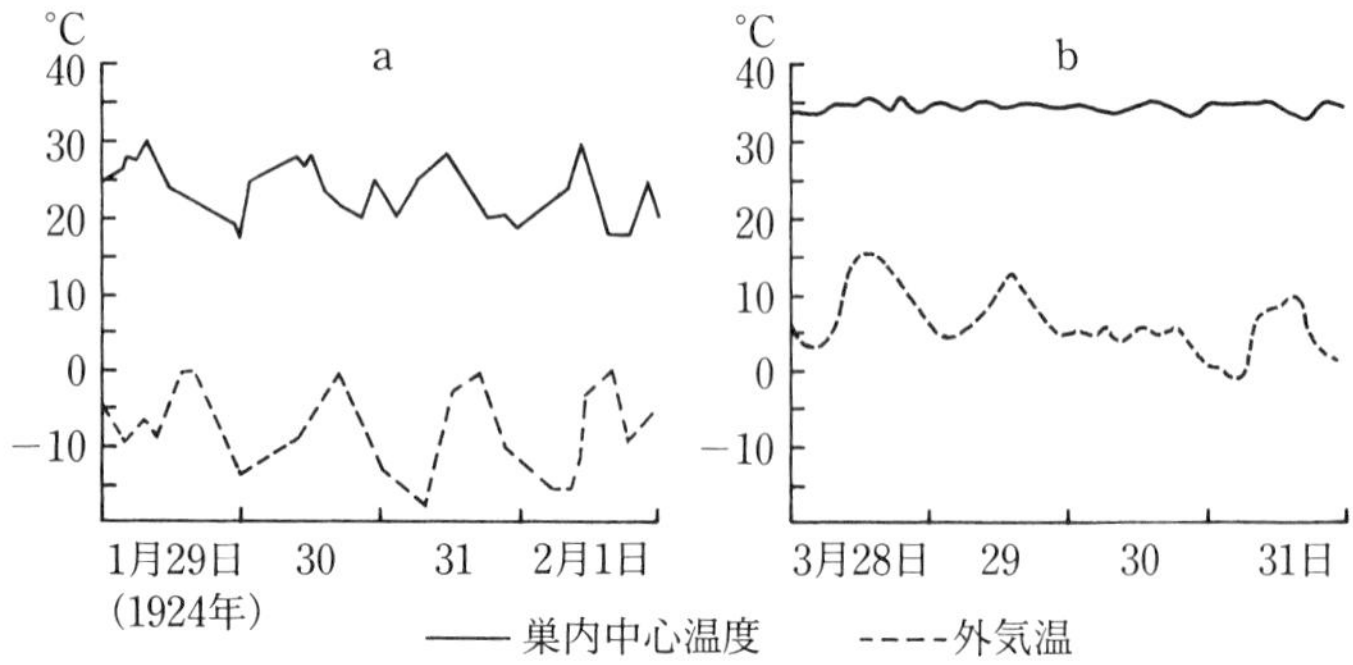

図45 ミツバチの巣の中の温度変化（Himmel，1926；坂上，1983より）．a：厳冬期，b：越冬末期，子育て開始

して球状の塊を作る。これは巣箱の中でも同じように起こり、蜂球と呼ばれている。蜂球の外層部はハチがぎっしりとからみあって動きにくいが、内部はややルーズで、ハチがある程度動くことができる。個体のミツバチは10℃以下に冷却されると動かなくなり、さらに気温が下がると、二日の間に大半のものが死んでしまう。しかし蜂球を作っている場合は、外部が冷えてくるとハチたちは動きはじめ、この動きが次第に内部に伝わり、彼ら独自の発熱運動を起こす。

ミツバチはもともとその体温が約27℃以上ないと飛ぶことができない。このためまわりの温度が低いときは飛ぶ前にあらかじめ翅(はね)を上げ下げする筋肉（飛翔筋）を同時に働かせる。こうすると翅をほとんど動かさずに体温を上げることができ、それから飛ぶのである。越冬中の蜂球の中でも、これと同じ方法で彼らは発熱し、外気温が0〜−10℃

くらいのとき、蜂球の内部は20〜30℃に保たれる。外気温が－30℃以下に下がったときでさえ、蜂球の外層部10℃、中心部18℃前後の温度が記録されている。ハチたちの温度調節能力はきわめて優秀で、蜂球中心部は厳冬期で25±5℃くらい、外気温が次第に上がっていく春からは35±1℃くらいの温度を保っている(図45)。ミツバチが長い越冬期間を通じてこのような巧みな発熱装置を使用できる秘密は、その燃料である蜜を巣の中に貯蔵していて、必要に応じて働きバチがこれをエネルギー源として利用できるところにある。つまり彼らは最も進歩した積極的な防寒法を実行しているのである。

なお、アカイエカ、ノミ、シラミ、ゴキブリのような人家にすむ害虫も、やはり防寒された場所を利用して越冬している。しかし彼らはミツバチとは異なり全く他力本願で、ある程度の過冷却能力はあるが、寒さに対する特別な適応はほとんど知られていない。

甲虫類の成虫、たとえばクワガタ、シデムシ、ゴミムシ、テントウムシ、コメツキムシなどは、冬になると、地上にある木片などの下にもぐるもの、朽ち木の内部の穴や隙間に入りこむもの、樹の皮の下に集まるものなど、そのかくれ場所はいろいろである。そのなかで立木の樹皮の下で越冬するものは、雪の下に埋もれることがほとんどないので、外気と同じ寒さにさらされる。テントウムシ、ハネカクシ、ゴミムシダマシなどの仲間がその例であるが、これらのほとんどは非耐凍型

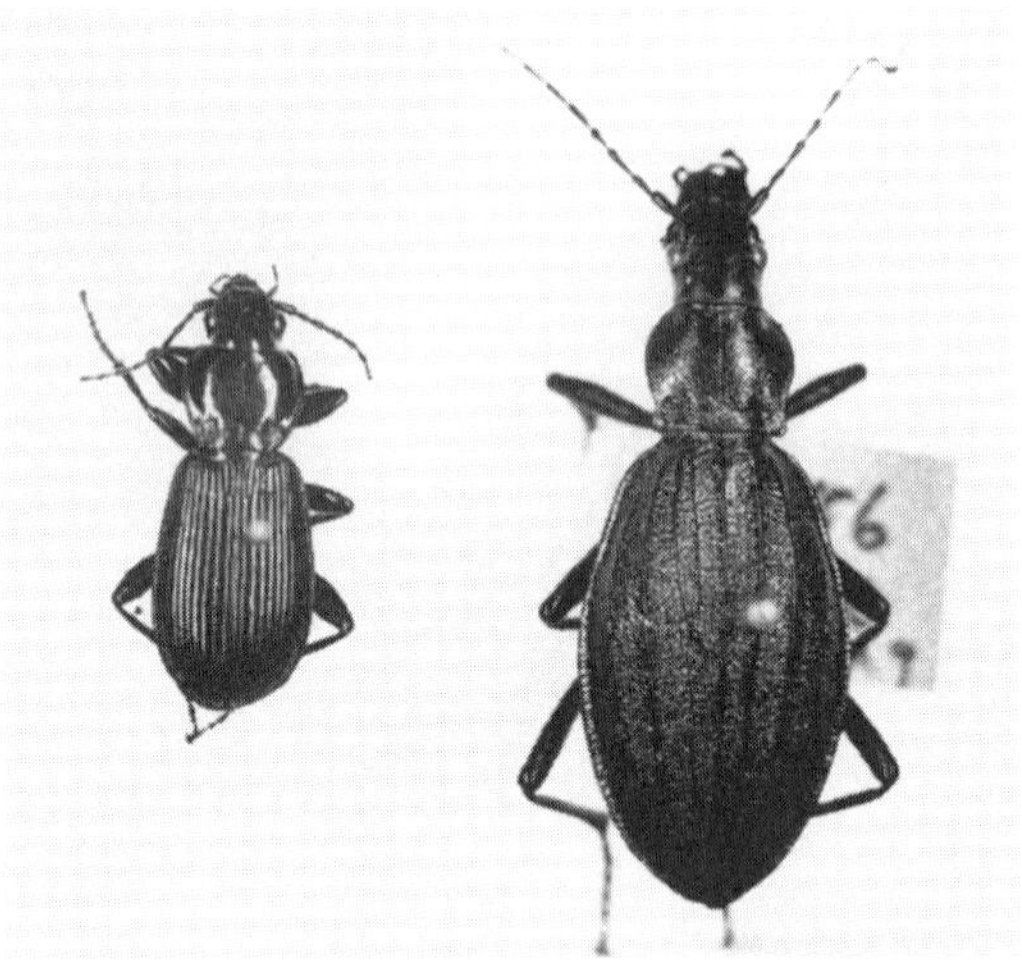

図 46　越冬期には成虫が耐凍性をもつ甲虫類．左：アトマルナガゴミムシ．体長約 14 mm，右：オオルリオサムシ．体長約 34 mm

で、−20〜−25℃くらいまでの環境温度ならば、過冷却状態のまま凍らずに寒さに耐えることができる。いっぽう大型のオサムシ類(図46)を含む各種の歩行虫は過冷却能力が低く、ほとんどが−5〜−10℃くらいの高い温度で凍りだすが、−10℃程度の凍結には耐えられるものが多い。彼らの多くは、量は必ずしも多くないがグリセリンを蓄積している。北海道の東部では冬に積雪が少ないうえ、気温は−30℃前後にも下がるので、この程度の耐寒性しかない彼らが、どうやって越冬できるのかと思っていたが、後に述べるように、彼らのすむ朽ち木の中の温度は、厳冬期でもおそらく−10℃以下には下がらないことがわかってき

図 47　クジャクチョウ．成虫で越冬する，翅の開張約 50 mm

た。

チョウには成虫で越冬するものが少なくない。このうち南方系のキチョウの類やムラサキシジミなどはもちろんであるが、北方系の各種のタテハ類でも耐凍型はひとつも発見されていないので、すべて防凍型、つまり過冷却を利用して凍ることなく冬を越すものと思われる。北海道では寒中でもクジャクチョウの成虫(図47)を枯れ枝の下や人家の軒下などで発見することがあり、彼らはおそらく気温と同程度の寒さにさらされているに違いない。

そこで秋にイラクサについていたクジャクチョウ幼虫を飼育して成虫を羽化させ、外気とほぼ同じ温度の実験室で砂糖水を与えて飼っていたが、飼い方が下手だったのか越冬できたものはごくわずかであった。この越冬したクジャクチョウを使って、まだ朝の気温が－7℃くらいに下がる三月の初めに、グリセリン量と過冷却点を測定した。グリセリン量はひどくバラバラで、全くないものから50 mg/gに達するものまであったが、虫自身の耐凍性は全く認められなかった。しかし過冷却点はどのチョウも－25℃前後を示していたから、札幌付近での越冬は容易であろう。なおチョウやガの仲間には、越冬期の外観は蛹（さなぎ）であるが、冬がくる前に蛹の殻の中で変態して、ほとんど完成した成虫の姿で冬を過ごしているものがしばしばある。このような場合は、まだ成虫の組織が作られる前の未分化の状態にあるキアゲハ蛹のような耐凍性は期待できない。たとえばギフチョウの類はこの例で、いずれも凍結に耐えないが、その産地の最低温度には十分耐えられる程度の過冷却能力がある。

ガ類の越冬成虫も、われわれが観察した限りでは耐凍型はひとつもなく、すべて防凍型ばかりであった。立木の樹皮の下などによく見つかる小ガ類―キバガやハマキガは少なくとも－25℃までの二四時間の冷却では凍るものはなかった。シャクガ、ヤガ、シャチホコガ、ドクガなどのなかには成虫越冬する種類がかなりあるが、小ガ類よりは過冷却能力が劣り、－15℃前後まで冷やされれば凍るものが少なくなかった。シャクガ類のなかには、フユシャク、フユナミシャク、フユエダシャクのように、冬だけに成虫が生まれてきて活動する特殊なグループがあるが、これについては次章でやや詳しく述べよう。

16　真冬だけに活動する昆虫

　一年のうちで冬にだけ成虫が生まれて、活動し、交尾し、春までに産卵して生涯を終える昆虫のあることを知る人は少ない。そのなかで目にふれる機会が比較的多いものはガ類である。札幌近郊ではもう初雪も過ぎた一一月から一二月初めのころ、風の弱い、気温も0℃前後の、初冬としてはやや暖かく感ずるような日には、夕やみのなかで、モンシロチョウより小型の白いチョウのようなものが舞っているのを目にすることがしばしばある。これはほとんどの場合フユシャク(冬尺蛾)というガ(図48)である。この仲間の大部分は、北海道では一〇月から一二月中旬まで現れ、ホソウスバフユシャクという種類のみが翌春三〜四月ごろに出現する。本州ではホソウスバフユシャクは早春に現れるが、他のフユシャクは一二月から翌春三月まで冬季全体を通じていろいろな時期に現れ、厳冬期にも二、三の種類は絶えることがない。

フユシャクに性質が似ているが、それよりいくらか大型のものの多いフユナミシャク(図49)、フユエダシャクの類は、やや早い時期に現れ、フユシャクよりも飛び方が活発である。これらの晩秋から冬にかけて羽化するシャクガ類の特徴のひとつは、♀のガの翅(はね)が退化して、ごく小さいか、または全くなくなっていることである(図50)。これは冬の寒さと短い日照時間に対する巧みな適応であって、翅の表面から体温が奪われるのを防ぐのに役立っている。

わが国のフユシャクについては、中島の非常に詳細な生態観察にもとづいた著書[1]があるので、ここではその耐寒性について主として述べよう。

フユシャクの成虫は他のガ類と同様にすべて非耐凍型で、植氷してやると－5℃でも容易に凍死し、－2℃以上に温めるとはじめて融解する。しかし過冷却能力は高く、実験室でフユシャクを何時間も－10℃においても、体にさわると自ら動きだす事実は、彼らの体の過冷却状態がいかに安定しているかを示している。フユシャクでは凍結曲線をとっていな

図48　ウスバフユシャク．
翅の開張約25 mm

図 49　ナミスジフユナミシャク．翅の開張約 30 mm

図 50　チャバネフユエダシャク．成虫 ♀．
体長約 15 mm

表5 フユシャクガなどの恒温箱内での生存日数(1957年11-12月)

種類＼温度℃	−5 活動*	−5 生存**	−10 活動*	−10 生存**
ナミスジフユナミシャク ♂	−	22	0〔1〕	10
ナミスジフユナミシャク ♀	−	23	−	−
シロオビフユシャク ♂	39〔40〕	42	0〔2〕	16
ウスバフユシャク ♂	17	23(39)	0〔0〕	14(26)
クロテンフユシャク ♂	18	25	0〔1〕	17(19)
ウスモンフユシャク ♂	18	25	0〔1〕	17(24)
ウスモンフユシャク ♀	3〔23〕	40	−	−

* 暗い箱内で，ガラスペトリ皿中の虫に光をあてたとき，自ら動くことのできる日数

〔 〕内は光では動かない虫にピンセットでさわると，自ら動くことのできる日数

** 加温すれば活動を再開できる日数

( )内は毎日1回 5℃に2時間おいてからまた恒温箱に戻した場合

いので、正確な過冷却点は不明であるが、冷凍箱内にこれらのガをおくと−18℃より高い温度では凍るものはほとんどなく、−23℃ではすべてのガが凍ってしまったので、おそらく−20℃前後までは過冷却できるであろう。しかしこのことは、この温度でもガが凍らないということであって無害だという意味ではない。−20℃近い温度に一夜おけば、ほとんどのフユシャクガは凍らないままで死んでしまう。この事実は、キバガ、ハマキガ、クジャクチョウのように酷寒地でも静止したまま越冬できる昆虫類に比べると、フユシャクガのように冬季に成虫としての本来の活動を行うものたちは、低温での長期間の代謝を含めた総合的な耐寒性が低いことを暗示している。

一九五七年の初冬に、フユシャクの成虫数種をそ

れぞれ五〜一〇個体ずつ－5℃と－10℃の恒温箱に入れて、その活動能力と寿命を調べたところ、きわめて不十分な資料ではあるが、なかなか面白いことがわかった（表5）。使ったガの寿命は、それが羽化してからの日数、つまり老若の程度に大きく左右されるが、このときは野外で採集したガをそのまま使ったので、種類ごとに比較できるような生存日数を決めることは困難である。それで最も長生きしたガの寿命のみを表に示した。このなかでシロオビフユシャクは大部分のものが若いガであったので、長命のものが多かった。

この不完全な資料だけからあまり想像を広げることはさけたいが、次のような傾向はつかめるのではなかろうか。多くのフユシャクガは、－5℃では三週間以上、－10℃でも二週間くらいは生きていて、光の刺激があれば－5℃では自分で動くこともできる。矢島によればクロスジフユエダシャクのガを冷却すると、♂は－3℃、♀は－6℃で歩行を止め、♂♀とも－7℃前後の温度で倒れて仮死状態になったという[2]。また中島によれば本州産の多くのフユシャクガは、－5℃以下の温度では歩きにくくなり、－9〜－10℃くらいまで冷やされると仮死状態になるという[1]。

表5に示した北海道産フユシャクガの場合も、－5℃で長時間おくと自ら動くことはほとんどなくなる。しかし光をあてるとすぐに歩きまわるので、この虫の運動に直接関係している筋肉系などの組織の機能が低温で阻害されているのではないらしい。後に述べるクモガタガガンボのように、

−10℃になっても歩いていられる昆虫は、温度の低下に対してフユシャク類よりもさらによく適応した刺激伝達系をもっているのであろう。

表5のデータでさらに面白いことは、毎日少時間5℃にガの体温を上げると、連続して低温においた場合より、はるかに長生きできる事実である。近年の札幌付近の気象条件では、一二月中に最低温度が−10℃前後に下がる日は少なく、最高温度が5℃を超す日も五日以上はあるので、ここにすむフユシャクガは、連続的に−10℃におかれた場合よりかなり長生きできるかもしれない。この興味深い事実は低温における越冬昆虫の代謝に原因のある問題であるが、現在この方面の研究はほとんど知られていない。

ハエやカの類(双翅目)にも冬に活動するものがしばしばあり、札幌付近ではスキー登山の最中に、飛んでいるユスリカに会うこともそれほど珍しくない。しかし厳冬期の昆虫としてトップクラスの能力が世界的に知られているものは、なんといってもハネナシガガンボ *Chionea* の類である。この類では三種類がわが国から知られているが、そのなかのニッポンクモガタガガンボ *C. nipponica* Alexander は本州、九州と北海道にすみ、山地ばかりでなく、北海道では丘陵地の森にも珍しくない。スキーで森のなかを歩いていると、沢すじからかなり離れた高い尾根の上でも、この翅をもたない異様な形の虫が、雪の上をはいまわっているのにしばしば出会う。体長は五ミリメートルくら

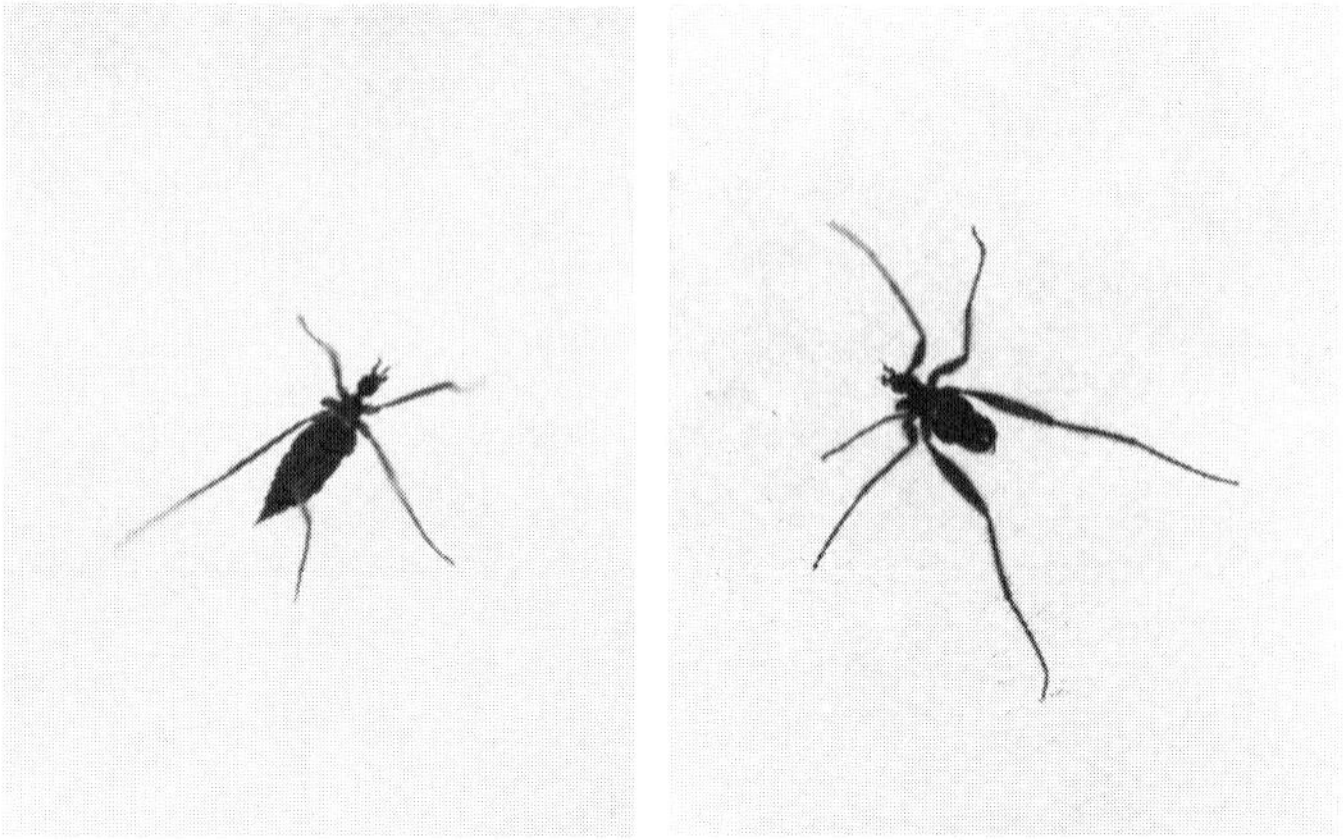

図51　雪上を歩くクモガタガガンボ．左：♀，右：♂

いだが、長い脚はその三倍以上もあり、クモが歩いているかのように見える(図51)。単独でいることも多いが、ちょっと見まわすと、一〇匹以上がぞろぞろ歩きまわっていることもそれほどまれではない。札幌付近では一一月中旬から約四ヵ月間現れるが、一～二月の厳冬期に最も多く、雪の上で交尾しているところも見ることがある。この昆虫については、北海道砂川南高校の教諭であった安保の詳細な観察がある(3)。

私が野外でこの虫の活動を観察できた最も寒いときの気温は－7℃くらいであったが、実験室内ではさらに低い温度にも耐えることができた。一月に採集したクモガタガガンボを恒温箱に入れて観察した結果では、－5℃では二六日後でも光をあてると歩きまわるが、三五日以上たつと、次第に死ぬものが増えていった。－10℃では一二日目までは光をあてれば歩行し、それ以後もちょっとさわればすぐ体を動かし、この温度で三七日間生きていたものがあった。いずれの場合も♀の方が♂よりも長い期間生存できた。野外では－10℃くらいに気温が下がると、ほとんどこの虫を見かけなくなるので、おそらく立木の根元などから積雪の下に入りこむのであろう。積雪の下の温度は0℃に近いことが多いので、このようなやり方で、クモガタガガンボは相当長生きできるに違いない。

この虫の体内には三月に3 mg/g のグリセリンが検出されているが(竹原、未発表)、耐凍性は全く認められない。実験室でクモガタガガンボを－20℃の気温にさらすと、一～二時間以内に虫体が例外なく凍り必ず凍死する。凍結曲線をとってみると、一月に採った虫では過冷却点は♂は－17℃付近に、♀はやや高く－13℃付近に出るものが多い。三月の虫では前に述べたムネアカオオアリの場合と同様、体内で凍結が起こったことを示す曲線上の山が二つ表れる。はじめの小さい山(第一過冷却点)は－5～－10℃の範囲に、後の大きい山(第二過冷却点)は－10～－14℃の範囲に出た。こうして凍結曲線をとっている三月のクモガタガガンボを、第一過冷却点が表れた時点で冷やすのを止めると、体はまだ軟らかく、温めると異常なく生きかえる。第二過冷却点が表れたときに体全体は硬く凍結し、もはや温めても生きかえらない。したがって第一過冷却点まで温度が下がったときに、体内の一部、おそらく消化管内のどこかに氷ができ、ここでの凍結は体内の他の組織には広がらないのであろう。体の表面をわざとぬらして植氷してやると、－5℃の温度でも致命的な全組織の凍結が起こってしまう。しかしぬらした紙の上に虫をおいて－5℃の恒温箱に入れておくと、脚の先が凍りついて歩けなくなっても、体は植氷されないので軟らかく、そのまま二日たっても生きていた。この虫が越冬期間中悪い気象条件で雪の上を歩いても安全なように、このような植氷を防ぐしくみが発達しているのであろう。クモガタガガンボの生活史はまだほとんどわかっていないが、卵は枯れ木やごみの中に産みつけられ、幼虫はごみの中の動物質を食べているらしい（幸島、未発表）。

このガガンボよりさらに寒さに適応した昆虫として、幸島の発見した、ネパールヒマラヤの氷河上にすむ、翅（はね）のないユスリカ *Diamesa* sp. の例を話そう。[4] このユスリカは、雪の表面温度が0～－7.2℃のときに雪面上でよく活動し、－16℃になってものろく歩くことができる。このようなとき積雪の上に出ているのはほとんど♀ばかりで、気温が下がると雪の中にもぐりこむ。積雪の下には氷河の氷の表面を流れる融水でトンネルができており、♂はこのあたりに多い。蛹や幼虫もこの融水路にすみ、幼虫はこの流れの泥にまじったラン藻を食べて成長する。

夏の高山で見られるセッケイムシとして有名なクロカワゲラの類は、北海道の平地では真冬から春にかけて成虫が羽化してくる。石狩地方以南で普通にお目にかかれるのは、エゾクロカワゲラ*

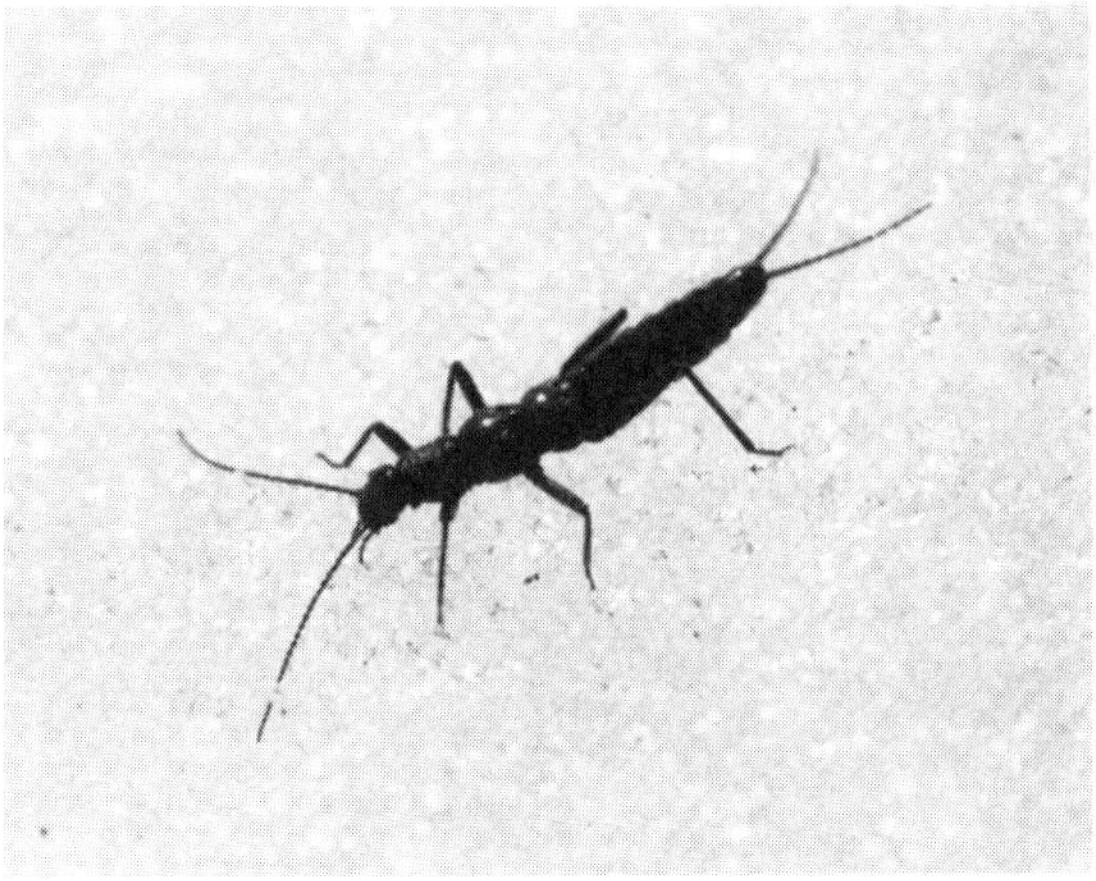

図52　エゾクロカワゲラ ♀. 体長約6 mm

Eocapnia yezoensis Kawai（図52）である。

＊ 本種は一九五五年に川合禎次氏によって命名された[5]が、現在まで和名がつけられていない。それで同氏の了解を得てエゾクロカワゲラ（新称）と呼ぶことにした。

この翅のないカワゲラはクモガタガガンボより出現期が一ヵ月以上おくれるのが普通で、札幌付近では一二月末ころから現れる。三月ころザラメ雪のシーズンになると、沢沿いの日のあたる雪の上を、群をなして歩いているのをよく見かける。気温が下がったり、危険を感じたりすると、すぐ雪の中にもぐりこむ。あまり硬くないザラメ雪などの場合は、ほとんど一分間で雪中にかくれてしまう。実験室内のテストでは、クモガタガガンボと同じようにかなりの低温に耐えることができた。一月の材料では、−5℃の恒温におくと、四七日後まではさわるとすぐ歩けるものがあり、五〇日後に五〇%以上のものが生きていた。−10℃においた場合は凍結するものも現れるが、一二日間はさわると歩くものがあり、一九日後に五〇%以上のものが生きていた。しかし三月の材料では、一月のものよりずっと凍りやすく、過冷却点は−5℃前後に上がっていた。このカワゲラもクモガタガガンボと同じように耐凍性はなく、凍りさえすれば必ず死ぬ。

このように冬期活動型の昆虫は、これまで述べてきたほとんど動かずに越冬している昆虫に比べると、その耐えられる温度はとくに低いものではない。しかし後者では寒冷期には不可能である活発な生命活動を、0℃付近またはそれ以下の低温環境でも全く正常に行えることがその特色である。

17　高山の昆虫

高山性昆虫と呼ばれているグループは、たとえば日本アルプスのミヤマモンキチョウ、大雪山のウスバキチョウのように、高山のハイマツ帯以上の高さのところで見ることができる。そのすみ場所は高山植物のお花畑などで、一年中で雪がないのは六月末からの二～三ヵ月であるから、生物の環境としては極地に次ぐ寒い場所といってもよい。

このようなグループの昆虫には、当然高い耐寒性が期待されるので、われわれもぜひ調べてみたいと思っていた。有名な高山性昆虫の多くは、天然記念物としてその捕獲が禁止されているので、実験に十分な材料を手に入れることは難しかったが、一九六八年夏に許可を得て、大雪山で数種類の昆虫を採集することができた。そのなかで最も多く利用したのは、北極圏のツンドラ地帯にすむ代表的なガとして知られたダイセツドクガ *Gynaephora rossii* (Curtis)である。このガの成虫と幼

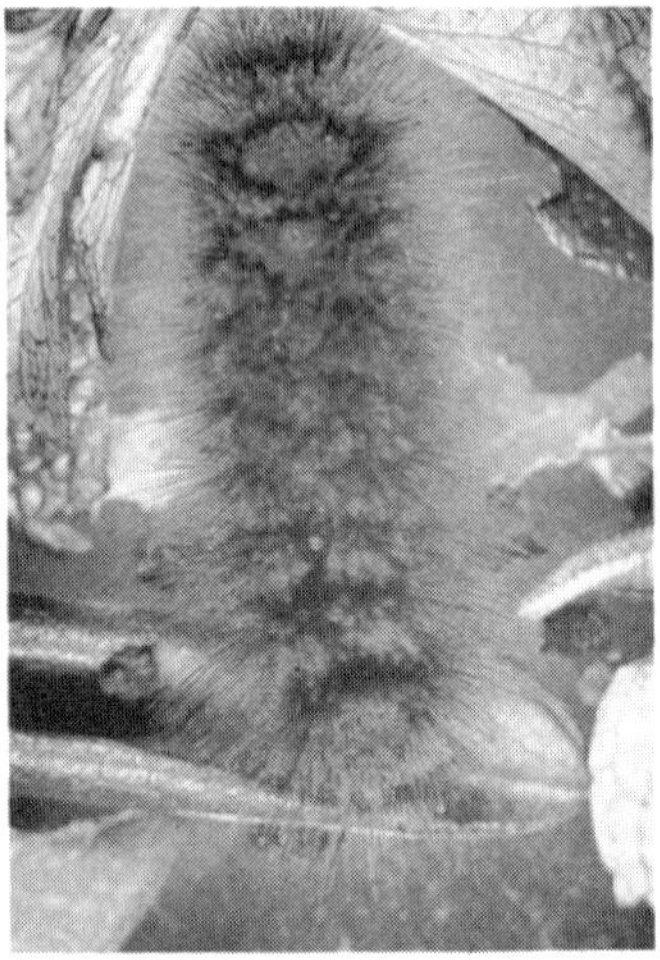

図 53　ダイセツドクガ 5 齢幼虫．体長約 40 mm

虫を採ってきたが、成虫は実験室内で産卵したので、ツツジの葉を餌にして多数の幼虫（図53）と蛹（さなぎ）を手に入れることができた。

現地で採集した五齢幼虫は札幌で秋のうちに蛹になった。また産卵された卵からは八月二五日幼虫が生まれ、この年のうちに四齢、一部のものは五齢まで成長して越冬した。これらの材料を使って一九六八～六九年の冬を中心に、札幌の気象条件でダイセツドクガの耐寒性を調べた[1]。四齢または五齢（終齢）の幼虫は一〇月ころから体内にグリセリンを蓄積し、一二～一月の厳冬期にはその量は体重の六～七％にも達した。いっぽう秋のうちに幼虫から変態した蛹では、冬になってもグリセリンの含有量は痕跡程度であった。また過冷却点を調べてみると、四齢、五齢、蛹のすべてを通じてほとんど一定で−14.7±0.4℃を示していた。大雪山でこの虫のすむ地域の冬の温度はこれよりはるかに低いから、彼らはすべて凍結状態で冬を過ごさねばならない。耐凍性のテストでは四齢または五齢の幼虫は、一二～一月には−30℃で一日の凍結に耐えることができた。蛹は約−15℃で凍結したものを三〇分間かけてゆっくり約－22℃まで冷却してから融解したところ、すでに凍死していた。グリセリンの蓄積量もほとんどないところからみて、おそらく蛹での越冬は困難であろう。カナダやアラスカにすむダイセツドクガの幼虫はどの齢期でも越冬できるといわれているが、大雪山のものは神保が述べているように[2]、おそらく最初の冬は二齢くらいで、二度目の冬を五齢で越すものと思われる。しかし高山性昆虫の生態からみて、その年の気候によっては、幼虫の越冬齢期が変わることもあるに違いない。

このようにダイセツドクガの越冬する齢期は必ずしも一定しない。また高冷地の短い夏の間だけ食物を得て成長できる幼虫は、その活動期間中でさえ、いつ襲ってくるかもしれない寒気にさらされる危険がある。このような危険に対しては、すでに各種の昆虫について述べてきたような耐寒性の獲得様式、すなわち休眠期に入ると始まってくるグリセリンなどの蓄積その他の変化によって対応することは難しい。おそらく多くの高山性昆虫では、防御物質の蓄積を含む耐寒性の向上は、一定の発生ステージで起こる休眠と結びついたものではなく、環境の温度が下がった場合には、成長期を含むいろいろなステージの幼虫のままで、十分発現できるものと思われる。

高山性の昆虫としては、ダイセツドクガの実験と同じころに、ウスバキチョウ *Parnassius eversmanni* Ménétriés とコイズミヨトウ *Anarta melanopa*（Thumberg）（図54）を使ってごく予察的な耐寒性テストを行っているので、その結果を簡単に述べよう。双方とも大雪山では高度二〇〇〇

図54　コイズミヨトウ．左：蛹，右：5齢幼虫，体長約30 mm

〜二二〇〇メートルの高山植物帯—地衣帯にすむ典型的な高山性昆虫で、蛹で越冬することが知られている。ウスバキチョウは、八月末に一匹の五齢幼虫を採集し、札幌で蛹化したものを戸外の温度で越冬させ、翌春になって凍結曲線とグリセリン蓄積量を測定した(大山、未発表)。この過冷却点は−30.8℃、グリセリン量は42.6 mg/gであった。コイズミヨトウは、九月に数個体の五齢幼虫を採集し、札幌で蛹化した材料を戸外の温度においたものを使った。これらの蛹の過冷却点は一一月に−25.2℃、一月に−27.8℃および−30.2℃であった。グリセリン蓄積量は一一月に28.3 mg/g、一月に34.0 mg/gであった。

前述の三種の昆虫の越冬場所である大雪山の山頂台地の真冬の温度条件は、地表面下五センチメートルと一〇センチメートルで、それぞれ－24℃および－22℃であったことが知られている。(3) したがってダイセツドクガ幼虫は凍結状態で、他の二種の蛹はおそらく過冷却状態のまま越冬するのであろう。

18　昆虫の越冬と自然環境

私たちが調べた越冬昆虫のなかには、実験室で測定したその昆虫の耐寒能力では、とても生きてはいけないほど寒い地域にもすんでいるものがかなりあった。そこで厳冬期に野外に出て、彼らのすみ場所の温度条件を調べ、そこで採れた昆虫の実験室で測定した耐寒性と、比較してみた。

調査の場所として北海道の酷寒地のひとつである釧路地方の標茶（しべちゃ）原野を選び、現地の昆虫研究者で古くからの友人である飯島一雄氏の協力を得て、一九六九年二月に昆虫の採集とすみ場所の観察を行った(1)。この地方の一二月から翌年三月の月最低気温はつねに－30℃以下で、－25℃以下の寒さはけっして珍しくなかった。この原野には高度五〇メートルくらいの低い丘が多く、若いシラカバ、ナラ、センなどのまばらに生えた林におおわれ、地面にはミヤコザサが一面に生えていた。このあたりはその昔巨木の生い茂った原生林であったので、三〇年以上前に切られたと思われるミズナラ

図 55　標茶原野の丘稜地．この切り株の内部で各種の昆虫が越冬している

の大きな切り株が丘のあちらこちらに散在していた(図55)。この地方の積雪は比較的浅く、真冬のこの時期でも、丘の北斜面の一番雪の深いところで五〇センチメートルくらいであった。前にも述べたように積雪は非常に効果のある断熱材であるから、ある程度厚い積雪におおわれた地面は、それほど冷却されるおそれはない。したがって前述の切り株などのように雪面上に出ている場所にすむ昆虫だけが最も強い寒さにさらされることになる。

樹木や枯れ木の表面の温度は、どこでもまわりの気温と同じだと思われやすいが、実際に測ってみると、そのときの気象状態に従って変化し、とくに日光が直射している立木の南側では、気温よりはるかに高いことが珍しくなかった。

いっぽう太い枯れ木や切り株の中心部では外気温の影響が意外に少なく、前夜から朝にかけての最低気温が－25℃、日中の最高気温が－3℃という大きな気温変動のあった快晴の一日の間に、中心部は－6.5～－7℃とほとんど一定であった。

酒井らによれば生きている樹木の組織の温度は、0℃以下の気温が続いている冬の日でも、日光が直接あたると南側の皮層は非常によく暖められ、気温との差が15℃を超すこともしばしばある。しかし北側の皮層はかなり気温に近い温度変動を示す。また太い幹の中心部の温度は、ほとんど一定で変化がごく少ないという[(2)]。北海道の寒地でも－25℃以下に気温が下がるのは、ほとんど快晴無風の日の夜から翌朝にかけて起こり、翌日も晴れる場合が多いので、それらの地域の昆虫のすみかは、われわれが標茶原野で観測した結果とごく似た温度条件にあるといえよう。

樹皮の下の昆虫

積雪上に出ている樹木や切り株についている昆虫のなかで、はがれかかった樹皮のくぼみや裏側にかくれているものは、最も低い温度にさらされる。このような場所では、双翅（そうし）類のキノコバエ成虫、小ガ類のウスマダラキバガ成虫、ヒトリガ類とヤガ類の幼虫（図56）などが採集された。はじめの二種類の成虫は凍っていなかったが、後の二種類の幼虫は硬く凍結したまま発見された。これらの昆虫は温められるといずれも異常なく動きだした。札幌の実験室に持ち帰って測定したところ、前二者の過冷却点はいずれも－25℃以下であった。後二者の過冷

図56 ヤガ類の幼虫．立ち枯れたハンノキの樹皮の裏に簡単な繭を作っている

却点は高く、ともに−10℃より高い温度で凍りだしたが、少なくとも−20℃で一日の凍結に耐えることがわかった。

切り株の内部の昆虫

次に直径四〇〜五〇センチメートル以上ある切り株をチェーンソーでいくつかに切り分けて、木の内部にいる昆虫を探したところ、各種の幼虫および成虫が多数見つかった。そのうち、ヒラタムシ、コメツキ、キマワリ、カミキリモドキ、ハナカミキリなどの幼虫のいた場所の温度は−3〜−9℃であったが、凍っていたものはひとつもなく、測定された彼らの過冷却点はほとんどが−20℃以下で、ハナカミキリ幼虫(図57)などは−28℃以下であった。これらの木の内部にすむ幼虫のほとんどが非耐凍型の昆虫であることからみて、彼らのすみかの温度が−20℃付近まで下がることはおそらくないであろう。

同じ切り株や朽ち木の内部の深い穴の中で、−3〜−8℃の温度のところからミヤマクワガタなど数匹のクワガタ幼虫が見つかった。これらはいずれも大型なのであまり低い温度まで過冷却させ

図 57 ハナカミキリ幼虫．体長約 15 mm，体の周囲には多数の氷粒があった

ることは難しいだろうと思われたが、意外にも、いずれも−20℃までの冷却では全く凍らなかった。ミヤマクワガタ幼虫はそれほど太くない(直径二五センチメートル)立ち枯れのハンノキの内部(−3.2℃)にも発見されたが、そんな場合は必ず根元に近い積雪表面より低い場所であった。写真で示したように朽ち木内に体に合う大きさの小室を作り、Jの字状に体を曲げて入っていた(図58)。朽ち木の内部に霜ができて、それが幼虫の体にさわっていたこともあったが、凍っていた幼虫はひとつもなかった。

同じような太い切り株や朽ち木の中心部からは、エゾマイマイカブリ、アトマルナガゴミムシ、クロヒラタシデムシなどの成虫が見つかった。このすみ場所の温度は日中−2℃まで気温が上がったときでも−5.7〜−8.7℃で、エゾマイマイカブリの体には、霜のような氷晶が一面についていた(図59)。これらの甲虫のいくつかは凍結していたが、温めて融かしてやると、ひとつ残らず歩きだ

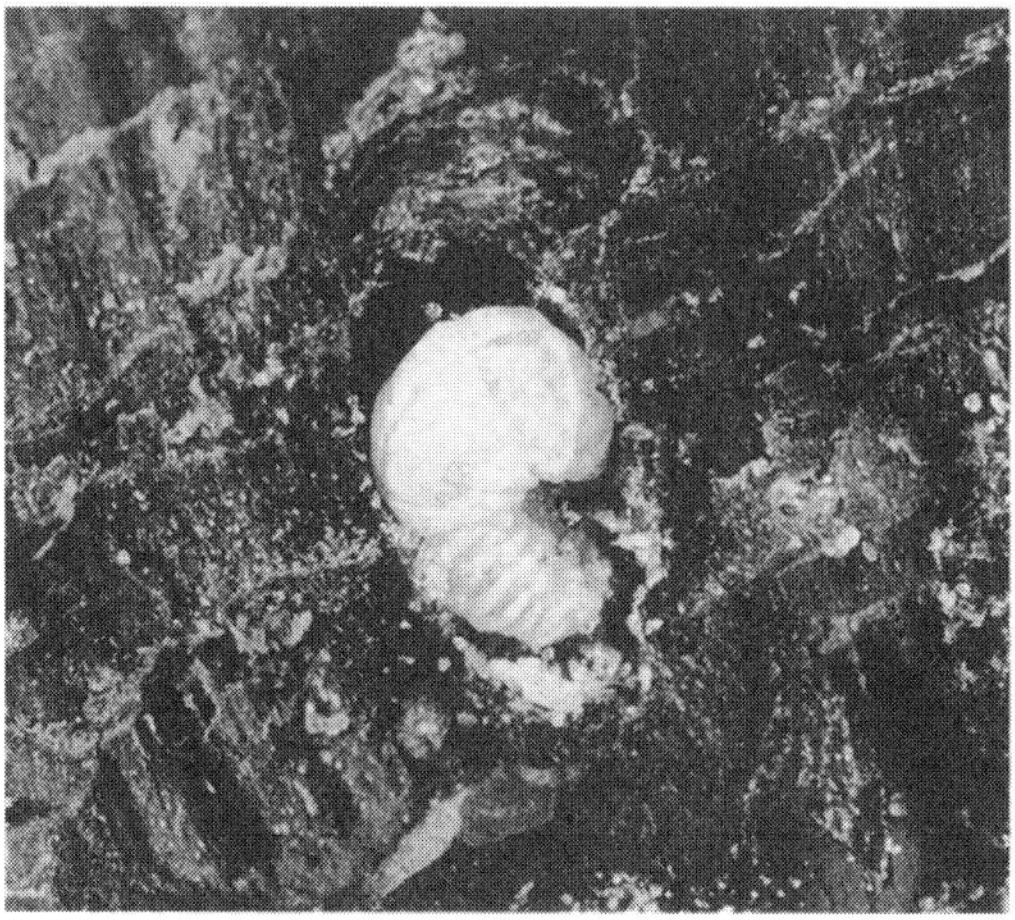

図 58　ミヤマクワガタ幼虫．体長約 37 mm，凍結している朽ち木の内部で

図 59　凍結しているエゾマイマイカブリ．体長約 35 mm，体表一面に霜がついている

図60　アオハナムグリ．左：成虫，体長約15 mm，右：幼虫

した。彼らの過冷却点を測定してみると－6～－7℃前後であったが、いずれも－10℃で一日以上の凍結に耐えることができた。またこのときは採集できなかったが、同じように朽ち木の内部で越冬する大型の甲虫の幼虫にハナムグリ類がある(図60)。この類の幼虫はやはり過冷却点が高く、－10℃まで冷却される前に体が凍りだすが、－15℃で一日凍結させても死ぬものはなかった。

朽ち木の中のハチやアリ

標茶原野では、甲虫類のほか各種のハチやアリも朽ち木の中から採集された。前にも述べたように、これらの越冬ハチ類はいずれも♀で、ケブカスズメバチの女王や、いくつかのヒメバチ類の母バチであった。これらのハチの耐寒性はいずれも－10～－15℃が限度であったが、ケブカスズメバチはミズナラ倒木内部(－8℃)から過冷却状態で、ヒメバチ類は立ち枯れのハンノキの中心部(－3～－4℃)で凍ったまま発見された。そしてどのハチも温めると活動を始めた。アリ類は全部がムネアカオオアリ一種だけで、多数の働きアリのほか、女王、♂アリ、幼虫などが採集された。すでに第15章で述べたように、この働きアリは－8℃付近まで冷却されたとき体内の一部に氷ができるが、それでは害を受けず、さらに－10℃以下のある温度まで冷却されるとはじめて体が硬く凍り死んでしまう。ここ標茶原野の切り株の中のアリの巣は、調査したときの温度が－3℃から－5.7℃の範囲にあったが、そこにいた成虫も幼虫もすべて凍っているものはなかった。そのなかで幼虫のまじっていた巣は、必ず積雪面よりも低い切り株の根元にあたる場所、つまり温度が下がりにくい場所であった。

このように冬の朝の温度が－30℃以下に下がることもある標茶原野で越冬している昆虫のなかに、－10～－15℃くらいまでの耐寒性しかもたないものがあることはまことに興味深い事実である。これらの昆虫のすみかは、その場所に特有の微気象条件によって、外気の極端な温度変動から守られているので、それぞれの虫たちの過冷却能力、または耐凍能力の範囲内で、十分寒さに耐えて生きていけることがわかった。

立ち枯れの草の中の昆虫

前に述べたように、積雪面より上に出た樹木などは最も寒い場所にあたるのであるが、原野に多いヨシやヨモギのような丈の高い草も、枯れた後は雪面から突き出ていて、しかもその茎の中には少なからぬ昆虫が越冬している。丹野は北海道の全域にわたる六四ヵ

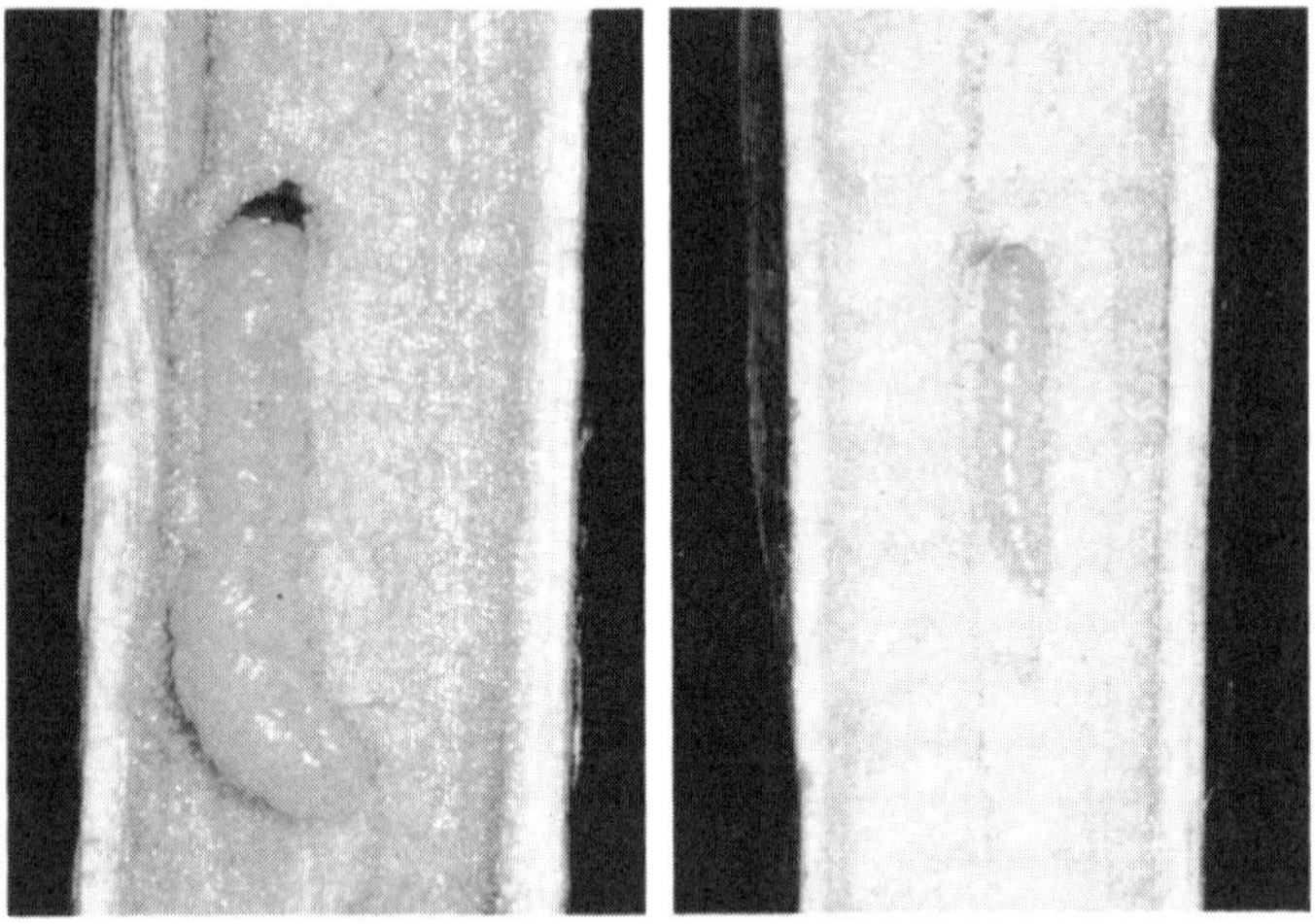

図61　立ち枯れの草の茎の中で越冬する昆虫(写真：丹野皓三)
左：ナガカツオゾウムシ前蛹，体長 10 mm，
右：クロハナノミ前蛹，体長 5 mm

所で、このような虫たちの耐寒性を調べ、彼らのすめる地域と、そこの気候との関係を考察している。[3] それによると非耐凍型のヒメクサキリの卵は、その過冷却点(−31.4℃)より最低気温が低くなる道東部、道北部の地域からは発見されていない。いっぽう、同じく非耐凍型のクロハナノミの前蛹(図61)、カンタンの卵、ニホンヨシノメバエの蛹などは、いずれも過冷却点が−31～−34℃あたりにあるが、この温度より最低気温がさらに低くなる地域にもすんでいるので、おそらく草の茎の下部で、雪面の下にかくれている部分にいるものが越冬できるのであろう。ナガカツオゾウムシの前蛹とヨシツトガの前蛹はともに耐凍型で、−40℃以下の凍結にも耐えられ

るが、夏の涼しい道東部などの数地点では採集されなかった。おそらくこの二種の昆虫の分布*には、冬の最低気温よりも、成長期である夏の積算温度が影響しているらしく、同じことがヒメクサキリの場合にも想像されるという。

＊　分布とは、その生物が本来すんでいる場所の広がり方をいう。

一般に耐寒性は昆虫の分布を限定する重要な原因のひとつといわれ、とくに非耐凍型昆虫は、その過冷却点以下に最低温度が下がる地域にはすめないものと考えられやすい。たとえばシンジュサンの越冬蛹（図62）などは、その過冷却点を下まわる−25℃以下に気温の下がる地方からはほとんど発見されない。しかし自然環境では、気象台の発表するその地方の気温と昆虫のすみ場所の温度とは、その微気象条件によって上下にかなりふれる場合がある。また他の分布制御要素、たとえばその虫の活動や生殖の可能な温暖期の長さなどによって、その繁殖できる地域が限定される。前述のヨシツトガ前蛹のように、その成長、生殖期の積算温度によって、そ

図62　シンジュサンの繭．約50 mm

の虫の分布が大いに影響される例は、とくにわが国のような海洋性気候をもつ地域では少なくないことと思われる。

ウバユリの茎の中の虫

同じように立ち枯れの草の中にすみながら、このすみかの微気象的特性を利用して、凍死の危険から身を守っている面白い性質のハエの幼虫がある[4]。この虫はクロバネキノコバエ *Sciara* sp. といって、前蛹で越冬するが、湿った場所を好み、体が乾くと生きてはいられない。越冬中のすみかは、森のなかに生えているオオウバユリという巨大なユリの立ち枯れた茎(図63)の中である。空洞になっているこの茎の内面は地下からしみこんでくる水分でつねにぬれているので、寒い日には茎の内側一面に氷が張り、これに植氷されて、前蛹たちは約−4.2℃で凍りはじめる。凍りだした前蛹を、自然の冷

図 63 立ち枯れたオオウバユリ．高さ約180 cm

却速度にやや近い0.1℃/minの速さで冷却すると、－15℃までの凍結には耐えることができる。しかしこの前蛹を周囲から植氷されない条件にして冷却すると、約－18℃まで過冷却されてから凍結が起こりただちに凍死してしまう。札幌付近では初冬に根雪がくるまでの間に、このキノコバエのすみか（図64）の温度は－12℃くらいまで下がったことがあったが、さらに寒くなる真冬にはまわりの雪が三〇～六〇センチメートルも積っているので、ほとんど0℃を保つことになる。前蛹の耐凍性は、蛹化の近づいた春には低下し、－10℃の凍結にも耐えられなくなる。しかしこのころの前蛹は、日中は日のあたるウバユリの茎の南側の内面にいるが、夜になるとこの内面を這って地表面の下まで移動し凍結をさけている。

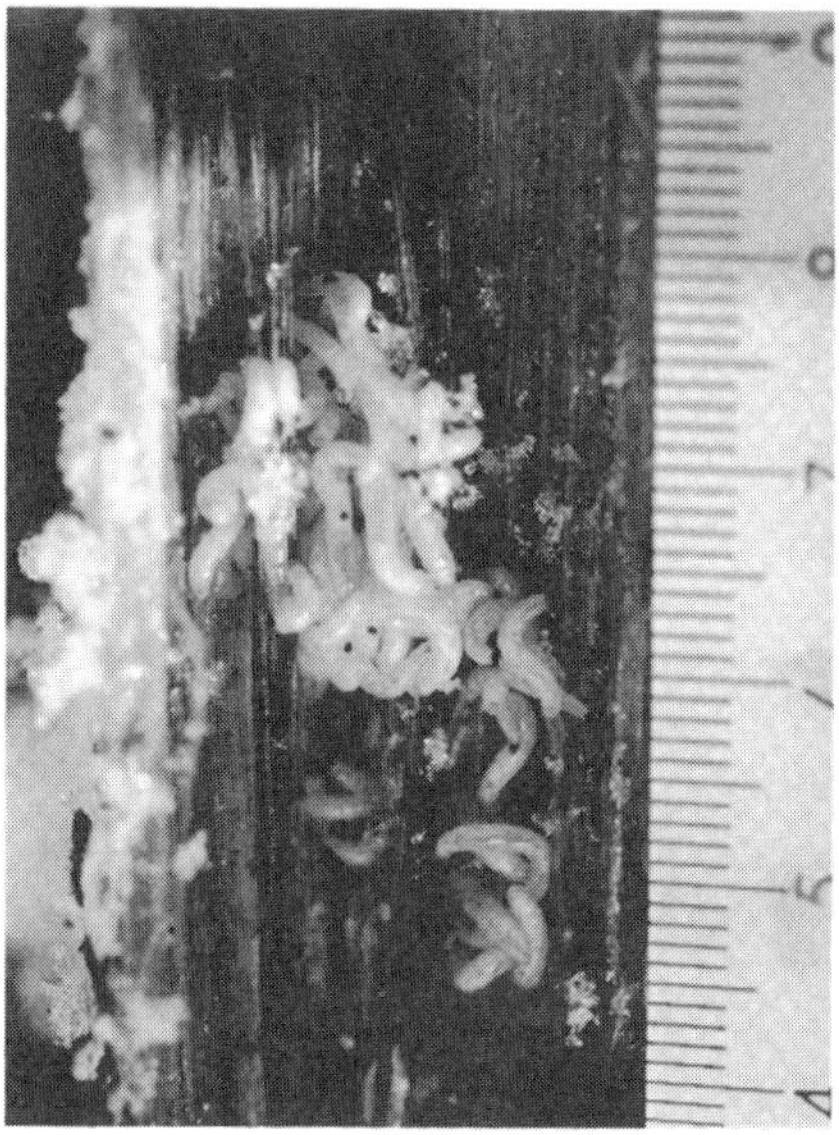

図64　クロバネキノコバエ前蛹．オオウバユリの凍結した茎の内部で．スケールは1mm（写真：丹野皓三）

ゆっくりした凍り方

この虫の場合のように比較的高い温度で虫体の凍結が起こってから、非常にゆっくりと冷却すると、意外に低い温度に達するまでその虫が生存できることは、成虫で越冬しているアラスカの甲虫などで知られているが[5]、島田らはこのことを利用して、ショウジョウバエ類の休眠幼虫(三齢)を－80℃で生存させることに成功した[6]。この幼虫の過冷却点は－20℃くらいで、この温度で自発凍結させるとすぐには死なないがもはや変態はできない。いっぽう十分に低温に適応させた幼虫を約－2℃で植氷し、0.5℃/min の速度でゆっくり冷却すると、－80℃までの凍結に耐えるものもあることがわかった。しかし同じように植氷した幼虫を、やや速い1℃/min の速度で冷却すると、生き残るものは非常に減る。このような事実は、本来は高度の耐凍性をもっている昆虫の細胞でも、一度そのまわりに氷ができてから後の冷却速度、すなわち氷の成長に伴う細胞からの脱水の速度が、野外の気象条件で起こるそれよりもはるかに大きいと、それが細胞の凍害のひとつの原因となることを暗示している。この意味で私たち自身の資料を含めて、過去に発表された昆虫の耐凍度(耐えられる最低凍結温度)は、1℃/min 前後の冷却速度で測定された場合が多いので再検討の余地がある。

19 畑の害虫の耐寒戦略

いままで扱ってきた越冬昆虫のほとんどは、地表面より高い場所にいるものであったが、地下や地表面で越冬している昆虫もごく普通で、しかもそれらのなかには農業上最も重要な畑の害虫が多い。畑の害虫については、最近農林水産省北海道農業試験場畑作部と北大低温科学研究所動物学部門の研究者が協力研究を進め、いままで不明であったこれらの昆虫の越冬のメカニズムがかなり明らかになった。(1) ここではこれらの研究の報告のなかから、越冬時のすみかの条件をうまく利用して凍死を免れている昆虫たちの戦略のいくつかを取り上げてみよう。

この研究の行われた畑地は、北海道でも酷寒地のひとつである十勝平野の芽室町にあり、そこの日最低気温は一二月半ば以後はしばしば−20℃以下になり、一〜二月には−30℃前後まで下がることもある(図65)。根雪*のくるのは通常一二月下旬であるが、それ以前に土壌は硬く凍結し、ごく寒

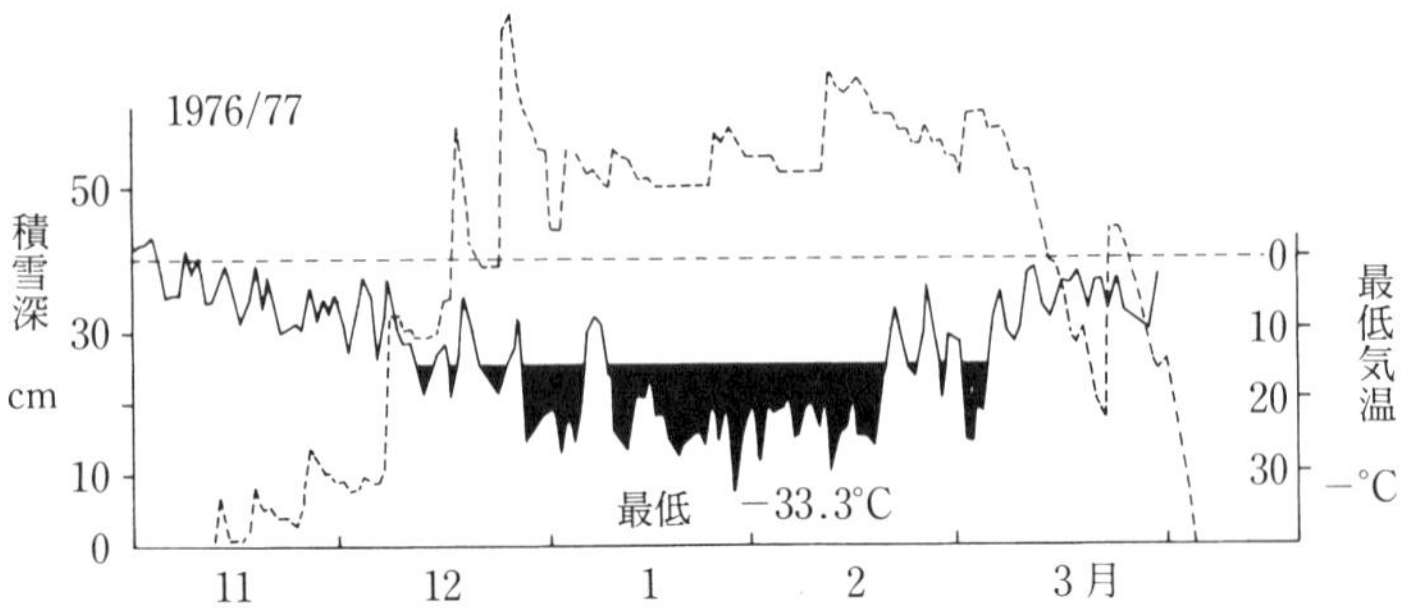

図 65　芽室におけるひと冬の最低気温と積雪深の季節的変化の一例．最低気温は−15°C 以下を厳寒期として黒で示した（坂上・丹野・本間，1981）

い年なら四〇センチメートルの深さまで土が凍ってしまう。こんな寒い場所でも積雪が三〇センチメートル以上の厚さになれば雪が断熱材の役を果たすので、もはや外気の寒さは防がれ、一～二月でも地表面の温度は－3℃以下にはほとんど下がらない。北海道でも雪の多い札幌付近では、根雪のくる前の土壌の凍結はごく浅い。

＊　翌春まで消えない積雪をいわゆる根雪という。

まず地表面にすむ昆虫の一例として、

マキバメクラガメ

マキバメクラガメというカメムシ（図66）の場合を述べよう。この昆虫は十勝地方では年に二回発生し、二回目に発生した成虫が越冬するが、非耐凍型で凍りさえすれば死んでしまう。実験室で測定したこの虫の過冷却点は－18.5℃前後で、植氷した場合は約－2℃で凍結する。この虫を－5℃の一定温度で保存したところ、一一月二六日からの四〇日間にすべて死んだ。これらの実験結果からみると、このカメムシは積雪期以前にも凍結する可能性があり、また無事に過冷却状態で積雪期を迎えたとしても、その後の春暖かくなるまでの生存は必ずしも容易ではないと思われる。この虫は寒くなっても活動力があり、0℃の温度でもかなり活発に歩行できるので、おそらく草むらや樹木や建物などのいくらか寒さを防げる場所に入りこんで越冬するのであろう。カメムシ類が冬に人家に入りこんでくる例は東北地方や北海道でしばしば観察されている。

図 66　マキバメクラガメ．体長約 6 mm
（写真：田辺秀男）

シロモンヤガ

いっぽう地表面で越冬しているイモムシ(ガの幼虫)のなかには、かなりの寒さに耐えられるものがある。シロモンヤガは四～五齢の幼虫期に冬を迎えるが、一二月初めころ根雪のくる前に、クローバーの根元などにカチカチに凍った姿で見つかることがあり、これは日中温度が十分上がれば融けて動きだす。この幼虫の過冷却点は、越冬期には－17℃前後を示すが、植氷してやると－10℃よりはるかに高い温度で例外なく凍ってしまう。しかし－12℃一日の凍結ではほとんどの幼虫は害を受けない。またあらかじめ－5℃に三〇日おかれた幼虫では、植氷して冷却すると七〇%以上の幼虫が−20℃一日の凍結に耐えることができた。この幼虫のすみ場所である畑の地表面は、一二月中に−10℃以下まで冷えるが、一度雪が積って根雪になってしまうと、一〜二月でも−5℃くらいまでしか下がらないので、積雪下の幼虫はかなり長期間の凍結にも耐えて生きているのであろう。

ガンマキンウワバ　非休眠型の昆虫であるガンマキンウワバは甜菜（ビート）の害虫で、卵、幼虫、蛹（さなぎ）などいろいろなステージのものが晩秋まで甜菜（ビート）の葉の上に見つかるが、冬の初めまでには蛹化するものが多い。いずれのステージの虫も非耐凍型で、測定された過冷却点は−15〜−19℃くらい、植氷すれば−2〜−6℃で凍結する。この蛹を雪の下の地面や実験室で2℃および5℃に保存したところ、四ヵ月以内にすべて死んだ。したがってこの地方の温度条件からみて、ガンマキンウワバが現地で越冬することはほとんど不可能である。このガが早春には現地で採集されないことからみても、他の比較的温暖な地方で越冬した個体が、年ごとにあらためて飛来するのではないかと思われる。

マメシンクイガ・ヨトウガ　次に地下で越冬する代表的なガ類として、マメシンクイガ（図67）とヨトウガを取り上げよう。この前者は老熟幼虫で、後者は蛹で、ともに休眠状態で冬を越す。双方とも土中にもぐっているが、直接土にさわっているのではなく、マメシンクイガは繭（まゆ）の中に、ヨトウガは土を固めて小室を作りその中に入っている。いずれも非耐凍型で、越冬中の過冷却点はマメシンクイガでは－24℃前後、ヨトウガでは－20℃前後であるが、植氷すれば双方とも－4℃前後で凍りだす。越冬中この昆虫たちのいる土中の深さは、マメシンクイガで三センチメートルくらいまで、ヨトウガは四～六センチメートルくらいに多い。その深さの場所の温度は、積雪がないと－8～－10℃くらいまで下がることがあるが、雪が積ればほとんど－1℃以下にはならない。したがってこれらの虫たちにとっては、植氷を防ぐことが無事に越冬するための至上命令である。この意味で双方とも越冬中には虫体のまわりに繭などの空間があって、体の表面がほとんど土にさわっていないことは決定的に有利である。マメシンクイガの繭は水を非常に通しにくく、幼虫の体の表面がぬれる心配はほとんどない。またヨトウガの蛹は小室内にななめに立っていて、尾端には蛹になるとき脱いだ乾いた(幼虫の)抜殻(ぬけがら)があって土壁との間をへだてている。実際に野外でマメシンクイガの生死を調べたところ、積雪のない場所

図 67　マメシンクイガ．翅の開張 14 mm
(写真：島田公夫)

図68 スジコガネ(左)，体長約18 mmとマメコガネ(右)，体長約12 mm(写真：田辺秀男)

でも七〇%近い幼虫が生きていた。実験室では−5℃におくと五ヵ月後にも八〇%のものが生き残っていた。ヨトウガの蛹も野外での越冬生存率は高く、無積雪の場所で六〇%くらい、積雪地で八〇%くらいが生き残ることがわかった。このようにこれらの害虫は自然のままでの凍死は期待できないが、少なくともヨトウガでは、秋耕をして蛹の入っている土室をこわせば、植氷が起こりやすくなり、越冬中に凍死する可能性が高まる。

コガネムシ類　畑の地下のさらに深いところでは各種の甲虫類の幼虫が越冬している。スジコガネとマメコガネ(図68)は卵から成虫までの一世代を終えるのに二年以上かかり、最初の冬は二齢または三齢の幼虫で、翌冬は終齢の幼虫で越冬する。幼虫は非耐凍型で、この時期の過冷却点は二種類とも－5～－7℃と高く、植氷しても同じ温度で体の凍結が始まるので－7℃以下に冷却されれば凍死すると思われる。実際に幼虫を－5～－8℃の間のいろいろな温度に保たれた土中に埋め、一〇～一四時間後に調べたところ、－6℃より高い温度の土の中では生存できることがわかった。スジコガネの幼虫は地下二〇～四〇センチメートルの深さに、マメコガネの幼虫はそれより一〇センチメートルほど浅いところにもぐっているので、厳冬期でもそのすみかが－7℃以下に冷やされるおそれはほとんどない。またこれら甲虫類の幼虫では、ガ類の幼虫であるイモムシなどに比べると、体の表面がよく水をはじくので、外部からの植氷を防ぐのに役立っているに違いない。

コメツキムシ

コメツキムシ類も土中で越冬するが、ここでは幼虫がバレイショ、トウモロコシ、ムギなどの根を食べるトビイロムナボソコメツキについて述べよう。このコメツキムシは卵から成虫になるのに二～三年かかり、初めの冬は中齢幼虫で、二度目の冬は老熟幼虫で、三度目の冬は成虫となって越冬する。幼虫も成虫も非耐凍型で、過冷却点は幼虫で－8.5℃前後、成虫で－20℃前後であった。ぬらした土で虫体に植氷した場合の凍結開始温度は、それぞれ－6℃前後と－9℃前後であった。越冬中この虫のいる場所の深さは、地表面下一五～三〇センチメートル（幼虫）、および九センチメートル（成虫）といわれているので、そのすみかで彼らの体が凍るおそれはほとんどない。しかし幼虫は体が凍らない場合でも－5℃以下の温度に二週間以上おかれると致命的な害を受けるので、おそらく土中深い場所にいるもののみが越冬できるのであろう。

コガタルリハムシ　地下で越冬する甲虫としては、このほかにコガタルリハムシ（ギシギシハムシ）が調べられた。この小さなハムシはわが国のほとんどの地域と、中国、シベリア、インドシナ等にすんでいるが、北海道では十勝平野を含むいわゆる道東部にあたる寒冷な地域には発見されていないので、その意味もあってこの虫の耐寒性が研究された。この虫では成虫が夏に浅い土中にもぐり、そのまま冬を越すことが知られている。成虫の冬の過冷却点は－16℃前後で、植氷されれば－3℃付近で凍るが、ある程度の耐凍性があり、－10℃では一〇時間くらいの凍結に耐えることができる。しかし－12℃の温度で凍らせておくと一七時間後には一匹の虫も生き残らなかった。この虫は地下でも五センチメートルより浅い場所で越冬しているので、－8～－10℃まで冷やされる機会が少なからずあり、体が凍結する可能性が高い。いったん凍結した虫は、十勝地方のすみかの温度では、おそらく長期間の生存は困難であろう。

メスアカケバエ　最後に耐寒性は大きくはないが、低温でも移動できる能力があるため、十勝地方の酷寒地で越冬できるメスアカケバエ（図69）について述べよう。このハエは長さ一センチメートルくらいの細長い体にまっ黒い翅（はね）があり、♂は体が黒いが、♀はあざやかなオレンジ色なので見たことのある人も多いであろう。この虫は老熟幼虫で越冬するが、その過冷却点はい

図69　メスアカケバエ．上：成虫，左-♂，右-♀，体長約 10 mm（写真：田辺秀男），下：幼虫

ままで述べてきた越冬昆虫のなかでは異常に高く、一一月中旬から冬を越して半年の間ほとんど変わらず、−5.6℃くらいで、植氷された場合は−3℃前後である。初冬には地表近くに群をなしているが、寒くなるにつれ次第に地下深くもぐっていく。土中にいる幼虫の体の表面はいつもしめっていて乾燥させるとすぐ死んでしまう。したがって自然の環境では寒期になれば霜や氷に植氷されて凍りだす可能性が非常に大きい。しかし弱いながらも耐凍性があり、−5℃では三〇～四〇日くらい、−2℃では六〇～七〇日くらい凍結に耐えることができる。興味深いことにこの虫は低温下でも活動する能力があり、4℃では暗いところに向かって活発に歩き、0～2℃でものろいが移動できる。そこで土中での移動力を知るため、土を入れた塩化ビニール製の

二重管(長さ六〇センチメートル、管の内腔の直径約一四センチメートル)を戸外に埋めて、晩秋に幼虫を管内の地表に放し、一二月中旬と一月下旬に管の内部の土中で幼虫の居場所を調べた。この調査により、幼虫は土が地表から凍りだしてからも土の中を移動することができ、地温が下がるにつれ地下三〇センチメートルくらいまで深くもぐることがわかった。このようにメスアカケバエの幼虫は低温での活動力のおかげで、まず十分安全な温度を保てる深さの土中に移動し、万一体が凍結した場合も、その場所の温度ならば長期間耐凍性を発揮できるものと思われる。なお本種のようにたくさんの虫が集団で越冬していると暖かいのではないかと思われやすいが、ミツバチのように積極的に発熱する場合以外は、集団を作っても体温の低下を防ぐことにはならない。

20　昆虫の耐寒性のメカニズム——最近の研究

いままでの記述から、越冬昆虫のもっている巧みな耐寒戦略を説明できるかもしれないいくつかのしくみについて、一応のアウトラインがつかめたことと思われる。しかし理解を助けるために、数多くの虫たちの例をかなり詳しくあげたので、いささか焦点がぼけたきらいがある。また私自身が実際に研究室に在ってこの問題を総説した[1]二〇年程前に比べると、昆虫の耐寒性の研究もめざましく発展しているので、それらの新しい解釈[2]を交えて、昆虫の耐寒性機構の主なものにあらためて簡明にふれてみよう。

昆虫が寒さによって受ける害は、大別して、低い温度に虫体が冷却されるだけで起こってくるもの、つまり低温そのものの害と、冷却された結果として虫体内に氷ができるために起こる害、つまり凍害の二つになる。この前者すなわち低温の直接の害としては、昆虫の組織、細胞を作っている多くの物質が、温度の低下につれてそれぞれ異なった物理化学的変化を起こすために起こるものと、このような変化の結果、冷却された虫の体内でも、生きていくために続いている代謝のバランスがとれなくなり、必要な基質の生産量が不足したり、老廃物が分解できなくなるなどのことがらを含んでいる。細胞を構成する物質が冷却されるときに起こる変化については、細菌や赤血球、植物の種子などを材料にして基礎的な研究が行われているが、細胞膜とそこにある酵素の構造が低温によってどう変わるかが、最も重要な問題であると思われる。[3] そしてこのような変化が低温環境で生物が生きていくための代謝を左右することになる。

現在昆虫を材料にした低温での代謝の研究は、休眠昆虫における炭水化物代謝(第10章参照)に関係するものがとくによく知られているが、凍結温度以下の過冷却状態または凍結状態で生存している生物の代謝については、ほとんどないといってもよいであろう。

いっぽう凍害については、古くより植物細胞を材料にした研究が多く、また近年は医学的生物材料の凍結保存の研究者らによって、とくに血球を材料にした業績が多い。しかし昆虫の耐寒性の数多い研究業績のなかで、凍害の機構にふれたものはむしろ意外に少ない。

いうまでもなく凍害は昆虫の体内の水が凍った結果として起こるものである。すでに述べたように、虫体内には通常大量の血液があり、体組織を作っているほとんどの細胞の外壁はその血液に浸されている。そして虫体が凍るとき一番凍りやすいもののひとつが血液である。もしこのとき氷が細胞の中にもできれば、氷晶の成長、融合、増大などのため、細胞の微細構造が機械的にこわされ、細胞はただちに殺される。＊氷が細胞の外側(多くは血液の中)だけにできる場合でも、氷の成長に伴う、細胞からの脱水、細胞の収縮、細胞の内外における水溶液の濃縮などがある程度以上に強くなると、細胞に致命的な害を与えると考えられる。

＊　特殊な人工的凍結処理によって超急速に液体窒素温度まで細胞を冷却し、細胞内にできる氷晶の大きさをごく微少に保った場合には、その氷晶が大きく成長しないうちに超急速に融解すれば、その細胞は生存できることが知られている。(4)

前述のような寒さにもとづく害のすべてに対して、温帯、寒帯にすんでいる昆虫は非常によく適応しており、そのすみかでふだん起こる程度の低温ではほとんど害を受けない。このような適応すなわち抵抗性の向上は、冬がくる前に起こる環境温度の低下や日長時間の短縮を、昆虫自身が相当長時間順序よく体験することが引き金となって、体内の細胞や組織に変化が起こり、冬の寒さにさらされても生活していけるようにその性質が変わっていったからだと考えられている。このように温度や日長時間などの体験により、その生物が生活の悪条件に対する耐性を獲得する現象をハードニング hardening と呼んでいる。またその逆の現象、たとえば春の気候や人工的な温暖処理によって、越冬昆虫などの耐性が失われていくことをデハードニング dehardening と呼んでいる。

凍害に対しては、まず第一に体が凍ることを防げるならば、それが最良の防御法であり、とくに非耐凍型(＝防凍型)の昆虫にとっては唯一無二の方法である。越冬期の昆虫の体内で一番凍りやすいもののひとつは血液であるが、その血液の氷点(約－2℃より高いものが大多数である)以下の寒い場所で、その体が全く凍らずに冬を過ごしている昆虫はごく普通に見られる。このことは、彼らの血液は凍り得る温度まで冷却されているのに、凍りださないことを示している。このような現象を過冷却 supercooling と呼んでいるが、純水の場合でもごく起こりやすいことである。しかし過冷却している水または水溶液をさらに冷却していくと、植氷しないでも必ずある温度で凍りはじめる。この原因はすでに第3章で述べたように、その温度でちょうど働くような氷核形成物質(INA)がその水中に十分あったからだと考えられる。* したがって水をよく過冷却させるためには、その中にある

(1) 氷核形成物質の数量を減らす
(2) 氷核形成物質のまわりに水分子が集まりにくいようにさせる。あるいは水分子が集まっても氷としての結晶配列をとりにくくさせる

などの方法が有効と考えられる。

＊　氷核形成物質をほとんど含まない純水でも－40℃付近まで冷却されると凍結する。これはその温度になると、水分子そのものが集合して氷核を作り得ると考えられるからである。[2]

非耐凍型(防凍型)の越冬昆虫の多くは非常に過冷却されやすく、わが国の昆虫でも－20℃以下の過冷却点をもつものがごく普通である。このような現象の起こる原因については、すでに第11章で述べたように、その虫の血液の中にグリセリンや糖などの凍害防御物質cryoprotectantが多量に含まれていて、前述の(2)の働きをすること、また虫体内では細かく分かれた大量の脂肪体やその他の多くの組織の間に、血液がごく薄い液層となって挟まれているため、水の分子運動が抑えられることなどが考えられていた。

その後この問題に関する研究がめざましく進み、一〇年ほど前から、昆虫の過冷却能力が変化する重要な原因は、その血液の中に存在する氷核形成物質が質的量的に変化することであるという説が多くなった。[5] このような氷核形成物質は各種の越冬昆虫の血液中に発見されているが、大量の親水性アミノ酸を含むタンパク質であろうと考えられるので、INPs(ice nucleating proteins 氷核形成タンパク質)とも呼ばれている。

また最近多くの非耐凍型(防凍型)昆虫で、その血液の過冷却状態を安定させる物質が発見され、THPs(thermal hysteresis proteins)と呼ばれている。THPsは氷核のまわりに集まって、その成長を抑える作用があると考えられているので、虫体の外部からの植氷を防ぐ効果もあるといわれている。INPsもTHPsもともにハードニングの過程で昆虫の体内に作られるが、INPsの生産には環境温度の低下が、THPsの生産には日長時間の短縮が、とくに有効であるという。

このようなわけで、冬を迎えるに先立って防凍型昆虫の過冷却能力が高まるのは、その血液中に含まれていたINPsが減少するか、またはこのINPsの表面が他の物質でおおわれて、氷核を形成する触媒としての活性が低下すること、およびTHPsが血液中に増加して虫体の過冷却状態を安定させることなどが原因であると説明されるようになった。このような状態になっている昆虫は、凍害防御物質がなくても、−20℃くらいまで過冷却できるといわれているが、これに加えて、体内に糖アルコールなどの小分子の凍害防御物質が増量すれば、その溶質一モルに対して約2℃だけ過冷却点が下がることになり、またINPsの活性を低める作用も期待できるであろう。

次に氷が体内にできても生きていられる耐凍型昆虫の場合を考えてみよう。この場合まず第一に、致命的となる細胞内凍結をできるだけ起こさないことが重要である。すでに第4章で述べたように、血液中にできた氷が組織細胞の表面に達したとき、つまり細胞外凍結が始まったとき、その細胞がひどく過冷却していると、氷は細胞表面の膜を貫いて内部にまで成長するおそれがある。したがってこのときの細胞の過冷却の程度をできるだけ少なくする必要がある。

いっぽう細胞外凍結が始まると、細胞内部の水が膜を通過して表面に出てから凍るので、ここで凍結の潜熱が放出される（第3章参照）。したがってこのときできる氷の成長速度、つまり細胞内からの水の供給速度が大きいほど、その細胞表面の温度は下がりにくくなる。このような理由で、同じような形態の生物細胞では、その細胞の膜が水に対して透過性が大きいほど、またこの透過性の温度による変化が少ないほど、細胞の体積に対する表面積の割合が大きいほど、つまり球形の場合は細胞が小さいほど、細胞内凍結は起こりにくい(6)。しかし、もし虫体がそれほど過冷却しないうちに、はやばやと凍結を開始することができれば、それこそ細胞内凍結を防ぐのに最も効果的である。すでに述べたように、成虫で耐凍性のあるハチや甲虫類、また前蛹（ぜんよう）ですぐれた耐凍性を示すポプラハバチなどは、真冬になってもその過冷却点が－5～－10℃とかなり高い。このような事実は、これらの昆虫の体内で細胞内凍結を起こりにくくさせる自然の巧みを思わせるが、もし凍結が血液から始まる場合には、このことも前述のINPsの存在によって説明できる可能性がある。

すなわち冬を迎えるまでに、耐凍型昆虫の体内では、自然のハードニングによってINPsが作られ、この物質が血液中にある程度以上蓄積されれば、比較的高い温度でも氷核ができやすく、したがって凍結が起こりやすくなると考えられる。実際に非耐凍型の昆虫の冬の血液にはINPsがほとんど発見されないが、いくつかの耐凍型昆虫のそれには明らかに存在することがわかってきた。

しかし虫体の自発凍結は必ずしも血液から始まるとは限らない。第15章で述べた越冬アリのように、消化管から凍りはじめる昆虫も少なくない。ごく最近になって島田は、ポプラハバチ前蛹では、中腸の前端部の消化管内で凍結が開始されることを、冷凍顕微鏡による直接観察によって明らかにした。[7] この前蛹と同様に、ヒメバチ *Chasmias* 成虫(第15章)やエゾシロチョウ幼虫などでは、その高い過冷却点はまだ気候が暖かいうちから越冬期間を通して、血液中の防御物質量の著しい変動にもかかわらず、翌春暖かくなるまでほとんど一定である。したがってこれらの昆虫の凍結開始に INPs がかかわっているとしても、それは冬季のみに蓄積されるような物質ではない。いずれにせよ耐凍型昆虫の多くは、越冬中に起こるかもしれぬ過大な、そして致命的な過冷却を防ぐための何らかの機構*をもっているに違いない。

* これは必ずしも INPs のような物質でなく、たとえば昆虫の内臓の一部が氷核形成を起こしやすい構造をもつと考えてもよいであろう。

耐凍性昆虫でも、イラガ前蛹やキアゲハ蛹などのように、厳冬期にはその過冷却点が−20℃以下にもなるものでは、おそらくそのもっている THPs やグリセリンなどが、血液中の INPs による氷核形成の働きを抑えているのであろう。このように低い温度で凍結が開始された場合でも、これらの虫では多量の血液が体腔をみたしているため、まず最初にこの血液が凍り、そのときに出される大量の潜熱のおかげで、その次に引き続いて凍るはずの細胞自身の温度を効果的に高めている。凍りだしてから後の虫体の冷却速度は、野外の気象条件では、通常0.1℃/min以下の非常にゆっくりしたものなので、この虫の体内での細胞内凍結はほとんど起こらないであろう。

細胞内凍結が防がれたとしても、虫体の冷却が進むにつれ体内の氷は成長し、このため組織細胞は脱水され縮小していく。したがってある温度以下に冷却されれば、この虫の細胞は被害を受けるおそれがある。このような凍結が致命的となるときの温度がその昆虫の耐凍度であり、ハードニングの条件に大差がなければ、それぞれの種類によりほぼ同じ値を示すものである。

耐凍型昆虫のもっているグリセリンなどの防御物質は、第11章で述べたように、その束一的性質によって、(それがない場合に比べると)細胞からの脱水や細胞内外の溶液の濃縮の程度を少なくするので、前述の耐凍度をさらに低い温度までずらすことができるのである。実際にいままでに知られている耐凍型昆虫で、−20℃以下の低温での凍結に耐えられるものには、グリセリンその他の防御物質をもっていないものはほとんど見つかっていない。またグリセリンなどの糖アルコールやトレハロースなどの糖類が凍結中の細胞の内外にあると、細胞の微細構造を作っている各種のタンパクや酵素などが、凍結に伴う脱水や濃縮のために変性することを防ぐ効果があると考えられている。[8]

耐凍型昆虫の血液中にはINPsのほかにTHPsも発見されているが、これは氷晶の急速な成長を抑える作用があるので、虫体内の凍結開始にあたって細胞内凍結の起こることを防ぎ、また越冬中にくり返されるかもしれない虫体の凍結融解のときに、氷の成長に伴う細胞からの脱水の速度を低く抑え、細胞に与えられるストレスを減らすことが考えられる。

昆虫の耐寒性と休眠とのかかわりについても、いろいろな解釈が発表されてきた。高山性昆虫や極地の昆虫のように、常時凍結のおそれのある寒さにさらされるものは、休眠期にかかわりなく、いろいろなステージで耐寒性を表すと思われるが、多くの温帯、亜寒帯にすむ昆虫では、それぞれの種類に適当なあるシーズンに、まず休眠に入ってから耐寒性の向上が起こってくるのが普通である。おそらくその虫が休眠に入ると、それまでと異なる特別な生理・生化学的状態が虫体に準備され、このときに適当な温度や光などの環境条件が与えられると、いわゆるハードニングが始まり、組織細胞の寒さへの適応が進むのと同時に、INPs、THPsや凍害防御物質の生産が起こるのであろう。わが国の昆虫には、冬の初めに休眠からさめてしまうものが珍しくないが、いったん耐寒性の高まった昆虫では、休眠の持続と終了に関係なく、環境温度が低い間はその耐寒性を維持できるものが多い。しかし昆虫の耐寒性と休眠との関連については、すでに第8章で述べたように今後解明されなければならない数多くの問題が残されている。

以上述べてきたように最近の昆虫耐寒性の研究は、INPsやTHPsの発見によって昆虫の凍結開始のしくみを少なくとも一部分は説明し、また凍害防御物質として役立つ糖アルコールや糖類が、どうして冬に先立って虫体内にできるかというしくみの解明についても、めざましい成果をあげてきた。しかし昆虫の耐寒性の研究には、まだ明らかにされなければならない問題が数多く残されている。ここではそのうちでとくに筆者の興味をひく二、三の項目を挙げて、将来の研究の進展を期待したい。

(1)　細胞の耐凍性の基礎的な研究

細胞が耐凍性をもつようになったとき、それをもたないときに比べて、細胞の機能や微細構造に、どのような相違があるのかについては、植物細胞では古くから研究されているが[9]、昆虫ではほとんど知られていない。耐凍型昆虫のなかには、いままで知られているいずれの凍害防御物質ももっていないのに、－10℃程度の凍結に耐えるものがしばしばあり、また多量のグリセリンの蓄積が、必ずしも耐凍性の向上を伴わないハチやアリの例(第15章)がある。これを説明するためには、細胞が耐凍性を発現するためにもたなければならない基礎的な条件をできるだけ明らかにする必要がある。

(2)　昆虫が過冷却状態で、あるいは凍結状態で生存する場合の代謝の研究

越冬昆虫には－10～－20℃での過冷却状態または凍結状態のままで、一〇〇～一五〇日間生

存できるものがあるが、ひと冬の期間(二〜五ヵ月)を越えると死ぬものが増加する。繭(まゆ)に入ったイラガ前蛹を二〇〇日以上長期冷蔵した場合、2〜−4℃の保存は−10℃の過冷却状態での保存に比べてはるかに生存率が高い(第5章)。またフユシャク成虫の−5℃または−10℃での過冷却保存の場合、一日に一回5℃に二時間おくと、生存日数が明らかに延びる(表5−一一一頁)。これらの事実に対するひとつの解釈として、長期間低温におかれた昆虫に代謝の不均衡が起こること、および0℃付近またはそれ以上に温められると、その不均衡が短時間のうちに解消されることが想像され、これは自然状態での昆虫の越冬能力を高める重要な性質と考えられる。

(3) 過冷却状態で活動できる機構の研究

冬季のみに成虫が羽化してくる昆虫には、過冷却状態でも日常の活動を続けているものが少なくない(第16章)。同じような現象は、北極海にすむ魚類でも古くから知られていた。これらの魚類は冬になるとその体液の濃度を高めて、その凍結点をまわりの海水温度(約−1.7℃)に近づけ、ごくわずか(0.3℃程度)の過冷却状態を安定に保っている。[10] しかしクモガタガガンボなどは、はるかに大きな過冷却状態で活発な生命活動を営んでいるにもかかわらず、防御物質としては、わずか〇・三%のグリセリンしか発見されていない。彼らがこの不安定な過冷却状態で活動できるためには、そのもっているであろうTHPsなどの関与が期待され、さらにこの虫のもっている酵素系が、非常に低温に適応していなければならない。しかし現在このような興味深い現象の機構にふれるような研究は、まだほとんど手がつけられていないようにみえる。

あとがき

私は北大低温科学研究所在任中、低温下の生命現象を明らかにするため、いくつかの研究に従事したが、昆虫の耐寒性は、私が最も興味をもって行った仕事のひとつであった。この本の内容の基礎となった資料の大部分も、ここで行われた研究から得られたものである。われわれの研究以前にわが国で昆虫の耐寒性を取り上げた学者が全くなかったわけではないが、きわめて少なく、当時の農林省農事試験場における八木博士らの三化メイガの報告、大原農業研究所における深谷博士らのグループによる二化メイガについての研究などが知られている。

もちろん、低温科学研究所における昆虫の耐寒性の業績は、当時在籍した大学院学生を含む多くの同僚諸氏の協力によって達成されたもので、本来共著の形で出版されるほうがふさわしいと思われるが、本書は専門の学術書というよりも、平易な科学解説書というべき内容なので、私が筆をとることにした。

本書の作成には少なからぬ方々のご協力を得たが、本書の粗稿を読んで、数多くの懇切な助言と好意ある批判をいただいた、坂上昭一、茅野春雄、竹原一郎、丹野皓三、島田公夫、早川洋一の諸氏にはとくに謝意を表したい。本書の内容に時代遅れの記述が少なくなったのは、全くこの方々のご協力によるものである。将来これらの方々によって、最新の内容を盛った専門書の出版が期待されるところである。また本文中の挿絵写真のなかには、低温科学研究所関係者のほか、田辺秀男、上條一昭、斉藤修の三氏の御好意により借用させていただいたものも少なくない。ここに記してお礼を申し上げたい。

本書の出版には、いつもながら北海道大学図書刊行会の前田次郎氏にひとかたならぬお世話になった。生物学解説書として本書が標準の域に達しているとすれば、その少なからぬ部分は同氏の努力によるものである。

第一章に記したように、私が昆虫の耐寒性の研究にかかわるようになったのは、ほぼ五〇年の昔、北大低温科学研究所の創設にあたって、生物学部門の主任となった恩師青木廉教授が、私を協力者として誘って下さったことにその端を発している。それ以来同教授の強力な支持によって、全く私の思うままにこの研究を進展させることができたのである。それゆえにこの小著をいまは亡き青木廉先生に捧げたいと思う。

一九九〇年秋

朝比奈　英三

索　引

日本産昆虫の耐寒性(越冬期)

1) 測定個体数の少ない場合は最低温度を示す。＞－10：過冷却点は－10℃より高い，－10＞：－10℃より低い
2) 24時間凍結して50%以上の個体が害を受けない最低温度を示す。
非：非耐凍型，－：未測定
3) 生体重 1g 中に含まれる防御物質の量を mg で示す。物質名の記入のない場合はグリセリンのみを示す。＋：ごく微量あり，－：未測定，測定個体数の少ない場合は最大値を示す

種　名	ステージ
ヒメクサキリ *Homorocoryphus yezoensis*	卵
カンタン *Oecanthus longicaudus*	卵
コブハサミムシ *Anechura lewisi*	成虫
エゾクロカワゲラ *Eocapnia yezoensis*	成虫
オカモトクロカワゲラ *Takagripopteryx nigra*	成虫
オツネントンボ *Sympecna paedisca*	成虫
マダラナガカメムシ *Lygaeus equestris*	成虫
マキバメクラガメ *Lygus disponsi*	成虫
ウスバカゲロウ *Hagenomyia micans*	幼虫
ウスマダラヒラタキバガ *Depressaria applana*	成虫
マメシンクイガ *Leguminivora glycinivorella*	終齢幼虫
ニレハマキ *Peronea boscana*	成虫

4) 北海道全域にて採集
5) 熱電対を刺して測定
6) 血液中の濃度
7) 仙台産のもののグリセリン量
8) 植氷による凍結

採集地	過冷却点 ℃[1]	耐凍度 ℃[2]	凍害防御物質 mg/g[3]	文献
西北海道	−33.1	非	0	24
北海道[4]	−32±2.0	非	26.0	24
札幌	−10>	非	-	2
札幌	約−10	非	0	2
札幌	約−10	非	0	2
札幌	−20>	非	-	2
札幌	−15>	非	-	2
芽室	−18.5±5.2	非	-	15
札幌	>−10	非	-	2
札幌	−25>	非	-	2
芽室	−23〜−25	非	トレハロース 29.6±2.7	15
札幌	−25>	非	-	2

種　　　名	ステージ
アワノメイガ　*Micractis nübilalis*	終齢幼虫
ニカメイガ　*Chilo suppressalis*	終齢幼虫
ヨシツトガ　*Chilo luteellus*	前　蛹
ブドウスカシバ　*Paranthrene regale*	終齢幼虫
イラガ　*Monema flavescens*	前　蛹
アカイラガ　*Phrixolepia sericea*	前　蛹
シロオビフユシャク　*Alsophila japonensis*	成　虫
ウスバフユシャク　*Inurois fletcheri*	成　虫
フタスジフユシャク　*Inurois asahinai*	成　虫
ナミスジフユナミシャク　*Operophtera brumata*	成　虫
タケカレハ　*Philudoria albomaculata*	幼　虫
ヨシカレハ　*Philudoria potatoria*	幼　虫
マツカレハ　*Dendrolimus spectabilis*	幼　虫
カイコ　*Bombyx mori*	卵
オオミズアオ　*Actias artemis*	蛹
シンジュサン　*Philosamia cynthia pryeri*	蛹
サクサン　*Antheraea pernyi*	蛹
エゾクシヒゲシャチ　*Ptilophora jezoensis*	成　虫
ダイセツドクガ　*Gynaephora rossii daisetsuzana*	幼　虫 蛹
マイマイガ　*Lymantria dispar japonica*	卵
ハガタベニコゲガ　*Miltochrista aberrans*	成　虫
アマヒトリ　*Phragmatobia fuliginosa*	幼　虫
ヒトリガ　*Arctia caja phaeosoma*	幼　虫
アメリカシロヒトリ　*Hyphantria cunea*	蛹
シロヒトリ　*Spilosoma niveus*	幼　虫
クワゴマダラヒトリ　*Spilarctia imparilis*	幼　虫
カブラヤガ　*Agrotis fucosa*	幼　虫

採集地	過冷却点 ℃[1]	耐凍度 ℃[2]	凍害防御物質 mg/g[3]	文献
札幌	−20＞ ＞−25	−30＞	38.7	19
岡山	約−15	−20	＋	2
北海道[4]	−11.2±1.2	−30＞	0	24
静岡	約−20	非	-	2
札幌	−25.2±2.3	−40	約40	20
静岡	−10＞ ＞−14	非	-	2
札幌	約−20	非	-	2
札幌	約−20	非	-	2
札幌	約−20	非	-	2
札幌	約−20	非	-	2
札幌	約− 6	−20	3.2	3
標茶	＞−10	−20	＋	2
仙台	−16.0±1.1	非	＋	2
——	約−18[5]	非	1.1＋ソルビトール 2.2	1, 7
小田原	約−18	非	＋	2
札幌	−22.4±3.0	非	トレハロース 46.0±1.5mg/mℓ[6]	2, 8
東京	−15＞ ＞−20	非	-	2
札幌	−10＞ ＞−15	非	0	2
大雪山	−14.7±0.4	−30＞	20〜70	13
大雪山	約−15	非	1.9	
札幌	−27.7±0.7	非	-	2
札幌	−15＞	非	-	2
札幌	＞−10	−20	78.5	2
札幌	約− 5	−10＞	＋	2
横浜	−25.0±0.5	非	＋	2
標茶	約− 8	−25＞	17.6	2
札幌	約−15	非	-	2
札幌	− 5＞ ＞−10	− 5	0	3

種　　名	ステージ
シロモンヤガ　*Xestia c-nigrum*	幼　虫
タンポヤガ　*Xestia ditrapezium*	幼　虫
コイズミヨトウ　*Anarta melanopa*	蛹
ヨトウガ　*Manestra brassicae*	蛹
オオフタオビキヨトウ　*Mythimna grandis*	幼　虫
ガンマキンウワバ　*Autographa gamma*	蛹
ヤマキマダラヒカゲ　*Neope niphonica*	蛹
アカマダラ　*Araschnia levana*	蛹
クジャクチョウ　*Inachis io*	成　虫
コムラサキ　*Apatura metis*	幼　虫
ゴマダラチョウ　*Hestina japonica*	幼　虫
オオムラサキ　*Sasakia charonda*	幼　虫
モンシロチョウ　*Pieris rapae*	蛹
エゾシロチョウ　*Aporia crataegi adherbal*	3齢幼虫
ギフチョウ　*Luehdorfia japonica*	蛹
ヒメギフチョウ　*Luehdorfia puziloi*	蛹
ウスバキチョウ　*Parnassius eversmanni*	蛹
ジャコウアゲハ　*Atrophaneura alcinous*	蛹
キアゲハ　*Papilio machaon*	蛹
アゲハ　*Papilio xuthus*	蛹
カラスアゲハ　*Papilio bianor*	蛹
ミヤマカラスアゲハ　*Papilio maackii*	蛹
オオルリオサムシ　*Damaster gehinii*	成　虫
エゾマイマイカブリ　*Damaster blaptoides rugipennis*	成　虫
ヒメクロオサムシ　*Carabus opaculus*	成　虫
アトマルナガゴミムシ　*Pterostichus orientalis*	成　虫

採集地	過冷却点 ℃[1)]	耐凍度 ℃[2)]	凍害防御物質 mg/g[3)]	文献
芽室	−10.7±4.1	−20	13.4±6.8 ＋トレハロース 33.2±13.6	15
札幌	−5.8±0.4	−10	1.2	2
大雪山	約−30	非	37.8	2
芽室	約−20	非	トレハロース 21.7	15
札幌	−5＞ ＞−10	−10	0	2
芽室	−19.4±2.1	非	-	15
札幌	−10＞ ＞−20	非	-	2
札幌	−27.0±0.6	非	約40	2
札幌	約−25	非	51.6	2
札幌	約−22	非	-	2
東京	−18＞ ＞−23	非	0	19
東京	−18＞ ＞−23	非	0	19
札幌	−20＞	非	＋	2
札幌	−13.3±1.0	−40＞	50〜63	5
岐阜	−15＞	非	＋	2
飯山	−19.1±1.8	非	-	2
大雪山	−30.8	-	42.6	2
東京	−15＞	非	＋	2
札幌	−23.5±2.2	−30＞	約30	17
札幌	−25.3±2.1	非	22.8±13.2[7)]	17, 21
札幌	−20＞	非	＋	2
札幌	−20＞	非	約30	2
札幌	＞−10	−10	-	2
標茶	約−6	−10	0.9	4
標茶	約−5	−10	0.2	2
標茶	約−7.5	−15	2.5	4

種　　名	ステージ
クロヒラタシデムシ　*Phasphuga atrata*	成　虫
エゾアリガタハネカクシ　*Paederus parallelus*	成　虫
ミヤマクワガタ　*Lucanus maculifemoratus*	幼　虫
アカアシクワガタ　*Nipponodorcus rubrofemoratus*	成　虫
スジコガネ　*Anomala testaceipes*	幼　虫
マメコガネ　*Popillia japonica*	幼　虫
アオハナムグリ　*Eucetonia roelofsi*	幼　虫
ムラサキオオハナムグリ　*Protaetia lugubris*	幼　虫
コメツキの一種　*Ampedus* sp.	幼　虫
アイヌアカコメツキ　*Ampedus ainu*	成　虫
トビイロムナボソコメツキ　*Agrotes fuscicollis*	成　虫 幼　虫
ヒラタムシの一種　*Cucujus* sp.	幼　虫
ナナホシテントウ　*Coccinella septenpunctata*	成　虫
キマワリ　*Plesiophthalmus nigrocyaneus*	幼　虫
ホソクビキマワリ　*Stenophanes rubripennis*	幼　虫
ムネミゾヒラタゴミムシダマシ　*Phthora canalicollis*	成　虫
クロハナノミ　*Mordella brachyura*	前　蛹
カミキリモドキ科の一種　Oedemeridae	幼　虫
ハナカミキリ亜科の一種　Lepturinae	幼　虫
シロオビカミキリ　*Phymatodes albicinctus*	幼　虫
カミキリムシ科の一種　Cerambycidae	幼　虫
ナガカツオゾウムシ　*Lixus depressipennis*	前　蛹
ギシギシハムシ　*Castrophysa atrocyana*	成　虫
ポプラハバチ　*Trichiocampus populi*	前　蛹
ウスイロヒメバチ　*Cobunus pallidiolus*	成　虫
ヒメバチの一種　*Pterocormus molitorius*	成　虫

採集地	過冷却点 ℃[1)]	耐凍度 ℃[2)]	凍害防御物質 mg/g[3)]	文献
標茶	約−9	−10	31.6	4
札幌	−20>	非	-	2
標茶	約−20	非	6.4	4
札幌	約−18	非	+	2
芽室	−6.8±1.0	非	トレハロース 6.2	9
芽室	−7.0±0.5	非	トレハロース 4.6	9
札幌	約−7	−10> >−20	38	3
標茶	>−10	−15	+	2
標茶	−26.9	非	39.2	4
札幌	−20>	非	-	2
芽室	20.4±1.1	非	トレハロース 7.8±5.1	15
芽室	8.4±2.4	非	トレハロース 16.0±7.2	
標茶	約−15	非	37.4	4
札幌	−20>	非	-	2
標茶	約−26	非	7.3	4
札幌	>−10	−25	約100	2
苫小牧	−20.5±2.4	非	+	2
北海道[4)]	−33.8±1.5	非	138±2.4	24
標茶	約−25	非	15.1	4
標茶	約−28	非	-	4
帯広	−20> >−25	非	-	2
標茶	−20>	−15	25.1	2
北海道[4)]	−26.5±1.3	−30>	23±10	24
札幌	−16.2±1.9	非	イノシトール 6.0	15
札幌	−8.4±0.4	−40>	トレハロース 約70	22
札幌	−10> >−15	−15	-	2
標茶	−6.04±0.9	−10	約45	6

種　　名	ステージ
ヒメバチの一種　*Chasmias* sp.	成　虫
コマユバチの一種　*Apanteles* sp.	幼　虫
ムネアカオオアリ　*Camponotus obscuripes*	成　虫
ハヤシトビイロケアリ　*Lasius hayashi*	成　虫
ケブカスズメバチ　*Vespa simillima*	成　虫
キオビホオナガスズメバチ　*Vespula media*	成　虫
キオビヒメハナバチ　*Ceratina flavipes*	成　虫
メスアカケバエ　*Bibio rufiventris*	幼　虫
イグチナミキノコバエ　*Mycetophila fungorium*	成　虫
クロバネキノコバエの一種　*Sciara* sp.	前　蛹
クモガタガガンボ　*Chionea nipponica*	成　虫
シロアシクシヒゲガガンボ　*Tanyptera macraeformis*	幼　虫
シギアブの一種　*Chrysopilus nigrifacies*	幼　虫
ヒラタアブの一種　*Syrphus* sp.	幼　虫
ニホンヨシノメバエ　*Lipara* sp.	蛹
ショウジョウバエの一種　*Chymomyza costata*	幼　虫
ヒメイエバエ　*Fannia canicularis*	幼　虫
ルリキンバエ　*Protophormia terrae-novae*	成　虫

文　献

1) Aoki, K. (1962) : Protective action of the polyols against freezing injury in the silkworm egg. *Sci. Rep. Tōhoku Univ.*, Ser. IV, **28**, 29-36

2) 朝比奈英三：未発表

3) Asahina, E. (1966) : Freezing and frost resistance in insects. In *Cryobiology*, (H.T.Meryman, ed.), Academic Press, 451-486

4) 朝比奈英三・大山佳邦(1969)：越冬昆虫の耐寒性 I. 朽木中で越冬す

採集地	過冷却点 ℃[1)]	耐凍度 ℃[2)]	凍害防御物質 mg/g[3)]	文献
札幌	−6.4±0.5	−10	約100	12
札幌	−20>	−10>[8)]	14.6	2
標茶	−20.2±4.7	非	約35	11
札幌	約−22	非	+	2
札幌	−11.7	非	25.9	2
札幌	−10>	非	-	2
札幌	−23.1±4.3	非	トレハロース 4.5±0.3	14
芽室	−5.6±0.7	−5	0	16
札幌	−25>	非	-	2
札幌	−4.2±1.4[8)]	−15[8)]	+	23
札幌	−13〜−17	非	3	2
標茶	>−10	−15	+	10
札幌	約−5	−10	-	2
札幌	>−10	−10	-	2
北海道[4)]	−31.7±1.4	非	139±46	24
札幌	−2[8)]	−70[8)]	-	18
札幌	−10>	−10[8)]	0	2
札幌	−13.5	−10>	-	2

る昆虫. 低温科学, 生物篇, **27**, 143-152
5) 朝比奈英三・大山佳邦・高橋恒夫(1972)：エゾシロチョウの耐凍性 I. 低温科学, 生物篇, **30**, 91-98
6) 朝比奈英三・丹野皓三(1968)：耐凍性をもつヒメバチ成虫 *Pterocormus molitorius L.* 低温科学, 生物篇, **26**, 85-89
7) Chino, H.(1957) : Conversion of glycogen to sorbitol and glycerol in the diapause egg of the bombyx silkworm. *Nature, Lond.*, **180**, 606-607
8) Hayakawa, Y. and Chino, H.(1981) : Temperature-dependent inter-

conversion between glycogen and trehalose in diapausing pupae of *Philosamia cynthia ricini* and *pryeri*. *Insect Biochem*., **11**, 43-47
9) Hoshikawa, K., Tsutsui, H., Honma, K. and Sakagami, S. F. (1988) : Cold resistance in four species of beetles overwintering in the soil, with notes on the overwintering strategies of some soil insects. *Appl. Ent. Zool.,* **23**, 273-281
10) 大山佳邦：未発表
11) 大山佳邦・朝比奈英三(1969)：ムネアカオオアリの耐凍性 II. 低温科学, 生物篇, **27**, 153-160
12) 大山佳邦・朝比奈英三(1970)：越冬昆虫の耐寒性 II. 低温科学, 生物篇, **28**, 79-85
13) 大山佳邦・朝比奈英三(1971)：ダイセツドクガの耐凍性. 低温科学, 生物篇, **29**, 121-123
14) Sakagami, S. F., Tanno, K., and Enomoto, O.(1981) : Cold resistance of the small carpenter bee *Ceratina flavipes* Restudied. *Low Temp. Sci*., **B39**, 1-7
15) 坂上昭一・丹野皓三・本間健平(1981-83)：マメシンクイガを中心とした畑害虫の耐寒性に関する研究. 農林水産業特別試験研究費補助金による研究報告書
16) Sakagami, S. F., Tanno, K., Honma, K. and Tsutsui H.(1983) : Cold resistance and overwintering of the march fly *Bibio rufiventris* (Diptera : Bibionidae). *Physiol. Ecol. Japan*, **20**, 81-100
17) 島田公夫(1988)：アゲハとキアゲハの耐寒性. インセクタリウム, **25**, 16-20
18) Shimada, K. and Riihimaa, A. (1988) : Cold acclimation, inoculative freezing and slow cooling ; essential factors contributing to the freezing-tolerance in diapausing larvae of *Chymomyza* costata (Diptera : Drosophilidae). *Cryo-letters*, **9**, 5-10
19) 竹原一郎・朝比奈英三(1960)：昆虫の耐凍性とグリセリン. 低温科学, 生物篇, **18**, 57-65
20) 竹原一郎・朝比奈英三(1961)：イラガ越冬前蛹のグリセリン I. 低温科学, 生物篇, **19**, 29-36
21) 丹野皓三(1963)：アゲハ越冬蛹の耐凍性. 低温科学, 生物篇, **21**, 41-53
22) 丹野皓三(1965)：ポプラハバチの耐凍性 III. 低温科学, 生物篇, **23**, 55-64

23) 丹野皓三(1977)：クロバネキノコバエ科の一種 *Sciara* sp.の越冬前蛹の生態と耐凍性. 低温科学, 生物篇, **35**, 63-74

24) 丹野皓三(1982)：北海道における数種の昆虫の分布と越冬期の耐寒性. 昭和54-56年度北海道大学特定研究経費研究成果報告書, 87-98

文　献

＊　本文中の傍注番号は以下の文献を示す

第 1 章

1)　朝比奈英三(1959)：越冬昆虫の耐寒性. 竹脇・針塚・深谷編, 実験形態学新説. 養賢堂, 92-113

第 2 章

1)　石井象二郎(1985)：イラガの繭の不思議. インセクタリウム, **22**, 64-77

第 3 章

1)　Asahina, E., Aoki, K. and Shinozaki, J. (1954) : The freezing process of frost-hardy caterpillars. *Bull. Ent. Res.*, **45**, 329-339

2)　Salt, R. W. (1961) : Principles of insect cold-hardiness. *Annual Rev. Ent.*, **6**, 55-74

Sϕmme, L. (1982) : Supercooling and winter survival in terrestrial arthropods. *Comp. Biochem. Phiysiol.*, **73A**, 519-543

3)　Tsutsui, H. *et al.* (1988) : Aspects of overwintering in the cabbage armyworm, *Mamestra brassicae* (Lepidoptera, Noctuidae) I. *Appl. Ent. Zool.*, **23**, 52-57

4)　篠崎寿太郎(1953)：イラガの繭について. 繭の作り方, 繭の構造, ならびにその二, 三の性質. 低温科学, **10**, 127-135

第 4 章

1)　朝比奈英三(1953)：イラガ血液の凍結過程. 低温科学, **10**, 117-126

2)　朝比奈英三・青木　廉・篠崎寿太郎(1953)：越冬イラガ幼虫の耐凍性機構. 昆虫, **20**, 11-17

第 5 章

1)　丹野皓三(1963)：アゲハ越冬蛹の耐凍性. 低温科学, 生物篇, **21**, 41-53

2)　朝比奈英三(1955)：可動状態の動物の凍結及び過冷却による長期保存(予報). 動物学雑誌, **64**, 280-285

第 6 章

1) Asahina, E., Aoki, K. and Shinozaki, J. (1954) : The freezing process of frost-hardy caterpillars. *Bull. Ent. Res.*, **45**, 329-339

第 7 章

1) 青木　廉・篠崎寿太郎(1953)：イラガ前蛹の過冷却について．低温科学, **10**, 101-116

2) Smith, A. U.(1961) : *Biological Effects of Freezing and Supercooling*. Edward Arnold, London, 10-12

3) Chino, H. (1957) : Conversion of glycogen to sorbitol and glycerol in the diapause egg of the bombyx silkworm. *Nature, Lond.*, **180**, 606-607

Wyatt, G. R. and Kalf, G. E.(1959) : The chemistry of insect hemolymph III, Glycerol. *J. gen. Physiol.*, **42**, 1005-1011

第 8 章

1) 正木進三(1974)：昆虫の生活史と進化．中公新書

伊藤嘉昭編(1972)：アメリカシロヒトリ．中公新書，とくに２，３章参照

2) Williams, C. M.(1947) : Physiology of insect diapause II. Interaction between the pupal brain and prothoracic glands in the metamorphosis of the giant silkworm, *Platysamia cecropia*. *Biol. Bull.*, **93**, 89-98

3) 茅野春雄(1980)：昆虫の生化学．東京大学出版会

4) Takeda, N.(1978) : Hormonal control of prepupal diapause in *Monema flavescens* (Lepidoptera). *Gen. Comp. Endocrinol.*, **34**, 123-131

5) Simada, K.(1982) : Glycerol accumulation in divelopmentally arrested pupae of *Papilio machaon* obtained by brain removal. *J. Insect Physiol.*, **28**, 975-978

第 9 章

1) 竹原一郎・朝比奈英三(1959)：越冬昆虫の体内にあるグリセリンについて．低温科学，生物篇, **17**, 159-163

2) 竹原一郎・朝比奈英三(1960)：イラガ越冬前蛹のグリセリン(予報)．低温科学，生物篇, **18**, 51-56

3) 竹原一郎・朝比奈英三(1961)：イラガ越冬前蛹のグリセリン I. 低温科学, 生物篇, **19**, 29-36
4) Takehara, I.(1966) : Natural occurrence of glycerol in the slug caterpillar, *Monema flavescens*. *Contr. Inst. Low Temp. Sci.*, **B14**, 1-34

第 10 章

1) 茅野春雄(1980)：昆虫の生化学. 東京大学出版会
2) Chino, H.(1958) : Carbohydrate metabolism in the diapause egg of the silk worm, *Bombyx mori* II. Conversion of glycogen into sorbitol and glycerol during diapause. *J. Ins. Physiol.*, **2**, 1-12
3) 竹原一郎(1963)：イラガ越冬前蛹のグリセリン IV. 低温科学, 生物篇, **22**, 71-78
4) Ziegler, R. and Wyatt, G. R.(1975) : Phosphorylase and glycerol production activated by cold in diapausing silkmoth pupae. *Nature, Lond.*, **254**, 622-623
5) Hayakawa, Y.(1985) : Activation mechanism of insect fat body phosphorylase by cold. *Insect Biochem.*, **15**, 123-128
6) Hayakawa, Y. and Chino, H.(1982) : Phosphofructokinase as a possible key enzyme regulating glycerol or trehalose accumulation in diapausing insects. *Insect Biochem.*, **12**, 639-642
7) Wyatt, G. R. (1967) : The biochemistry of sugars and polysaccharides in insects. *Advances in Insect Physiology*, **4**, Academic Press, London, 287-360
8) Salt, R. W.(1958) : Role of glycerol in producing abnormally low supercooling and freezing points in an insect, *Bracon cephi* (Gehan). *Nature, Lond.*, **181**, 1281
9) 丹野皓三(1962)：ムネアカオオアリの耐凍性 I. 耐凍性とグリセリンの関係. 低温科学, 生物篇, **20**, 25-34

第 11 章

1) 朝比奈英三・竹原一郎(1964)：イラガ前蛹の耐凍性　補遺 I. 低温科学, 生物篇, **22**, 79-90
2) 吉田静夫(1987)：植物細胞の凍結傷害と耐性. 凍結保存(酒井　昭編), 朝倉書店, 9-15
3) 丹野皓三(1963)：アゲハ越冬蛹の耐凍性. 低温科学, 生物篇, **21**,

41-53
4) Zachariassen, K. E.(1985) : Physiology of cold tolerance in insects. *Physiological Reviews*, **65**, 799-832
5) Tanno, K.(1970) : Frost injury and resistance in the poplar sawfly, *Trichiocampus populi* Okamoto. *Contr. Inst. Low Temp. Sci.*, **B16**, 1-41
6) 丹野皓三(1965)：ポプラハバチの耐凍性 III. 耐凍性と糖含量. 低温科学, 生物篇, **23**, 55-64
7) Sϕmme, L.(1964) : Effect of glycerol on cold hardiness in insects. *Can. J. Zool.*, **42**, 87-101
8) 丹野皓三(1964)：越冬期のツヤハナバチに含まれる多量の糖類. 低温科学, 生物篇, **22**, 51-57
9) Sakagami, S. F., Tanno, K. and Emoto, O.(1981) : Cold resistance of the small carpenter bee *Ceratina flavipes* Restudied. *Low Temp. Sci.*, **B39**, 1-7
10) 高橋恒夫(1987)：動物細胞の凍結傷害と凍害防御剤の作用機序. 凍結保存(酒井　昭編), 朝倉書店, 15-23

第 12 章

1) Smith, A. U.(1954) : Effect of low temperatures on living cells and tissues. In Biological Applications of Freezing and Drying (R. I. C. Harris, ed.), Academic. Press, P. 18参照
2) De Coninck, L.(1951) : On the resistance of the freeliving nematode *Anguillula silusiae* to low temperatures. *Biodynamica,* **7**, 77-84
3) 酒井　昭(1956)：超低温における植物組織の生存. 低温科学, 生物篇, **14**, 17-23
4) 朝比奈英三・青木　廉(1958)：耐凍性昆虫を超低温で凍結生存させるひとつの方法. 低温科学, 生物篇, **16**, 55-63
5) Asahina, E. and Aoki, K.(1958) : Survival of intact insects immersed in liquid oxygen without any antifreeze agent. *Nature, Lond.*, **182**, 327-328
6) Wyatt, G. R. (1967) : The biochemistry of sugar and polysaccharides in insects. *Adv. Insect Physiol.*, **4**, 287-360
7) 朝比奈英三・丹野皓三(1966)：セクロピア蚕休眠蛹の対凍性 II. 低温科学, 生物篇, **24**, 25-34
8) 朝比奈英三・大山佳邦・高橋恒夫(1972)：エゾシロチョウの耐凍性

Ⅰ. 低温科学, 生物篇, **30**, 91-98
9) 丹野皓三(1965)：ポプラハバチの脂肪細胞, 形態と尿酸の蓄積について. 低温科学, 生物篇, **23**, 37-45
10) 丹野皓三(1968)：ポプラハバチの耐凍性 Ⅳ. 脂肪細胞の細胞内凍結と変態障害. 低温科学, 生物篇, **26**, 71-78
11) 丹野皓三(1968)：ポプラハバチの耐凍性 Ⅴ. −196℃での傷害. 低温科学, 生物篇, **26**, 79-84

第 14 章

1) Aoki, K.(1962) : Protective action of the polyols against freezing injury in the silkworm egg. *Sci. Rep. Tōhoku Univ.*, Ser., Ⅳ. **28**, 29-36

第 15 章

1) Yamane, S. and Kanda, E.(1979) : Notes on the hibernation of some vespine wasps in northern Japan (Hymenoptera : Vespidae). *Kontyu*, **47**, 44-47
2) Sakagami, S. F.(1976) : Specific difference in the bionomic characters of bumblebees. A comparative review. *J. Fac. Sci., Hokkaido Univ.,* Ser., Ⅵ, Zoology, **20**, 390-447
3) 朝比奈英三・丹野皓三(1968)：耐凍性をもつヒメバチ成虫*Pterocormus molitorius* L. 低温科学, 生物篇, **26**, 85-89
4) Ohyama, Y. and Asahina, E.(1972) : Frost resistance in adult insects. *J. Insect Physiol.*, **18**, 267-282
5) 丹野皓三(1962)：ムネアカオオアリの耐凍性 Ⅰ. 低温科学, 生物篇, **20**, 25-44
6) 大山佳邦・朝比奈英三(1969)：ムネアカオオアリの耐凍性 II. 低温科学, 生物篇, **27**, 153-160
7) 坂上昭一(1983)：ミツバチの世界. 岩波新書
トーマス・D・スィーレイ／大谷　剛訳(1989)：ミツバチの生態学. 文一総合出版

第 16 章

1) 中島秀雄(1986)：冬尺蛾. 築地書館
2) 矢島　稔(1981)：昆虫誌. 東京書籍, 109-148
3) 安保健治(1952)：クモガタガガンボの生態. 新昆虫, **5**, №2
安保健治(1962)：くもがたががんぼについて. 砂川市郷土研究会誌

4)　Kohshima, S.(1984) : A novel cold-tolerant insect found in a Himalayan glacier. *Nature*, **310**, 225-227
幸島司郎(1984)：氷河に生きる昆虫を求めて. インセクタリウム, **21**, 348-357
5)　Kawai, T.(1955) : Studies on the holognathous stoneflies of Japan, II. *Mushi*, **28**, 5-11

第 17 章

1)　大山佳邦・朝比奈英三(1971)：ダイセツドクガの耐凍性. 低温科学, 生物篇, **29**, 121-123
2)　神保一義(1984)：高山蛾. 築地書館
3)　Sakai, A. and Ōtsuka, K.(1970) : Freezing resistance of alpine plants. *Ecology*, **51**, 665-671

第 18 章

1)　朝比奈英三・大山佳邦(1969)：越冬昆虫の耐寒性 I. 朽木中で越冬する昆虫. 低温科学, 生物篇, **27**, 143-152
2)　酒井　昭・和田実男(1963)：越冬中の木の温度変化. 低温科学, 生物篇, **21**, 25-40
3)　丹野皓三(1982)：北海道における数種の昆虫の分布と越冬期の耐寒性. 昭和54-56年度北海道大学特定研究経費研究成果報告書, 87-98
4)　丹野皓三(1977)：クロバネキノコバエ科の一種*Sciara* sp. の越冬前蛹の生態と耐凍性. 低温科学, 生物篇, **35**, 63-74
5)　Miller, L. K.(1978) : Freezing tolerance in relation to cooling rate in an adult insect. *Cryobiology*, **15**, 345-349
6)　Shimada, K. and Riihimaa, A.(1988) : Cold acclimation, inoculative freezing and slow cooling; essential factors contributing to the freezing-tolerance in diapausing larvae of *Chymomyza costata* (Diptera : Drosophilidae). *Cryo-letters*, **9**, 5-10

第 19 章

1)　坂上昭一・丹野皓三・本間健平(1981-1983)：マメシンクイガを中心とした畑害虫の耐寒性に関する研究. 農林水産業特別試験研究費補助金による研究報告書
Shimada, K., Sakagami, S. F., Honma, K. and Tsutsui, H. (1984) : Seasonal changes of glycogen / trehalose contents, supercooling

points and survival rate in mature larvae of the overwintering soybean pod borer *Leguminivora glycinivorella*. *J. Insect Physiol*., **30**, 369-373

本間健平・筒井　等・坂上昭一(1987)：畑害虫の耐寒性. 植物防疫, **41**, 330-335

Hoshikawa, K., Tsutsui, H., Honma, K. and Sakagami, S. F. (1988) : Cold resistance in four species of beetles overwintering in the soil, with notes on the overwintering strategies of some soil insects. *Appl. Ent. Zool*., **23**, 273-281

第 20 章

1) Asahina, E. (1969) : Frost resistance in insects. *Advances in Insect Physiology*, **6**, Academic Press, Lndon, 1-49

2) Zachariassen, K. E. (1985) : Physiology of cold tolerance in insects. *Physiological Reviews*, **65**, 799-832

Storey, K. B. and Storey, J. M. (1988) : Freeze tolerance in animals. *Physiological Reviews*, **68**, 27-84

3) Franks, F. (1985) : Biophysics and Biochemistry at Low Temperatures. Cambridge Univ. Press, Cambridge U. K.

F. フランクス／村勢則郎・片桐千仭訳(1989)：低温の生物物理と生化学. 北海道大学図書刊行会

4) 島田公夫(1987)：培養細胞, 癌細胞の超急速冷却. 凍結保存(酒井　昭編), 朝倉書店, 9-15

5) Zachariassen, K. E. and Hammel, H. T. (1976) : Nucleating agents in the haemolymph of insects tolerant to freezing. *Nature*., **262**, 285-287

6) 朝比奈英三(1987)：生物細胞の凍結. 凍結保存(酒井　昭編), 朝倉書店, 3-9

7) Shimada, K. (1989) : Ice-nucleating activity in the alimentary canal of the freezing-tolerant prepupae of *Trichiocampus populi* (Hymenoptera : Tenthredinidae). *J. Insect Physiol*., **35**, 113-120

8) 花房尚史(1987)：生体高分子の凍結保存と凍害防御剤の作用機構. 凍結保存(酒井　昭編), 朝倉書店, 39-46

9) 酒井　昭(1982)：植物の耐凍性と寒冷適応. 学会出版センター

10) Scholander, P. F. *et al*. (1957) : Supercooling and osmoregulation in Arctic fish. *J. Cell. Comp. Physiol*., **49**, 5-24

朝比奈英三（あさひな　えいぞう）

1914年　東京に生まれる
1939年　北海道大学理学部動物学科卒業
1941～78年　北海道大学低温科学研究所創設以来，同研究所勤務．1969～75年同所長
専　攻　低温生物学，Society for Cryobiology（国際低温生物学会）創立会員
現　在　北海道大学名誉教授
著　書　エゾシロチョウ（北海道大学図書刊行会，1986）

虫たちの越冬戦略―昆虫はどうやって寒さに耐えるか

1991年3月10日　第1版第1刷発行
2009年11月25日　新装版第1刷発行

著　者　朝比奈　英　三

発行者　吉　田　克　己

発行所　北海道大学出版会
札幌市北区北9条西8丁目　北海道大学構内（〒060-0809）
TEL.011(747)2308・FAX.011(736)8605・http://www.hug.gr.jp

山藤三陽印刷／石田製本

ISBN 978-4-8329-7402-9